健康蒸菜

刘伟民◎主编

中国画报出版社·北京

图书在版编目 (CIP) 数据

健康蒸菜 / 刘伟民主编. -- 北京 : 中国画报出版社, 2025. 5. -- ISBN 978-7-5146-2530-1

Ⅰ. TS972.12

中国国家版本馆 CIP 数据核字第 2025WY6756 号

健康蒸菜

刘伟民 主编

出 版 人：方允仲
责任编辑：李聚慧
美术设计：文贤阁
责任印制：焦　洋

出版发行：中国画报出版社
地　　址：中国北京市海淀区车公庄西路33号　邮编：100048
发 行 部：010-88417418　010-68414683（传真）
总编室兼传真：010-88417359　版权部：010-88417359

开　　本：16开（787mm×1092mm）
印　　张：10
字　　数：129千字
版　　次：2025年5月第1版　　2025年5月第1次印刷
印　　刷：三河市金兆印刷装订有限公司
书　　号：ISBN 978-7-5146-2530-1
定　　价：58.00元

前言

在当今快节奏的生活中，我们总在寻找那种既能满足味蕾，又能滋养身心的饮食方式。健康蒸菜，便是这份追求的最佳答案。它以简约但不简单的烹饪哲学，将食材的原汁原味与营养精华留存下来，让每一口食物都成为滋养身体的温柔力量。

蒸，这一古老的烹饪技艺，不仅保留了食材最纯粹的味道与色泽，更尽可能保留了维生素、矿物质等营养成分。选择蒸菜，就是选择了一种回归自然、崇尚健康的饮食态度。

健康蒸菜，注重食材的搭配与平衡，既有清新爽口的时令蔬菜，也有富含优质蛋白的鱼类、肉类，更有滋补养生的药材融入其中，既满足了日常所需的营养摄入，又兼顾了季节变换下的身体调养。

不仅如此，健康蒸菜还倡导了一种轻松便捷的生活方式。无需复杂的烹饪技巧，只需简单准备，便能在家中轻松享受到餐厅级别的美味。

无论是忙碌工作后的自我犒赏，还是家人围坐共享天伦之乐，一锅热气腾腾的蒸菜，总能带来满满的幸福感与满足感。

在这个追求健康、注重生活品质的时代，让我们一起走进蒸菜的世界，用最简单的方式，蒸出美味与健康，让生活蒸蒸日上。

第一章 初学蒸菜，需要了解什么

第二章 蒸肉，温补强身

第三章 蒸蛋、蒸豆腐，鲜香滑嫩

第四章 蒸河海鲜，鲜美滋补

第五章 蒸鲜果蔬，清甜美味

第六章 蒸主食、点心，能量满满

第七章 特色蒸菜，功效多样养身体

第八章 食疗蒸菜，吃出健康少生病

初学蒸菜，需要了解什么

蒸菜，适合全家的营养美味

说到我们引以为豪的中餐，许多人总是想到各式各样的炒菜。其实，中华千年美食文化中还有“无菜不蒸”的说法，“蒸”也是我国古代的烹饪方法之一。

蒸，即利用水沸后产生的水蒸气加热食物使食物变熟的烹调方法。既可以用来烹饪主食、小吃、糕点等，如馒头、包子、发糕，也可以用来烹饪各色菜肴，如粉蒸肉、蒸茄子等。

蒸菜口感独特，清新爽口

蒸制的食材质地柔软，口感细腻，与煎、炒、烹、炸等烹饪方式带来的浓烈油香和酥脆口感截然不同。蒸菜通过蒸汽使食材慢慢熟透，保留了其原有的鲜嫩和汁水，吃起来更加清新爽口。这种独特的口感，让人在品尝时能感受到食材本身的纯粹和自然，感受大自然的馈赠。无论是蒸鱼的鲜嫩滑爽，还是蒸蔬菜的清脆可口，都让人回味无穷。

蒸菜种类丰富，满足多元需求

蒸菜的种类丰富，涵盖了大部分可以食用的食材。从海鲜类的鱼、虾、蟹，到肉类的鸡、鸭、猪、牛，再到蔬菜类的西兰花、胡萝卜、南瓜，以及豆制品如豆腐、豆皮等，几乎所有的食材都可以用来蒸制。这种多样性，不仅满足了不同口味，也满足了不同饮食习惯和需求。无论是喜欢海鲜的鲜美，还是偏爱肉类的醇厚，或是钟情于蔬菜的清爽，都能在蒸菜中找到自己的所爱。蒸菜的丰富种类，让人们在享受美食的同时，也能感受到生活的丰富多彩和美好。

蒸菜适合全家享用

蒸菜不仅是一种健康的烹饪方式，更是一种适合全家的营养美味。

适宜老人

对于老人来说，蒸菜易消化、易吸收，不会给肠胃带来负担。同时，蒸菜保留了食材的营养成分，有助于老人保持身体健康。软糯的口感和清淡的调味，也让蒸菜成为老人餐桌上的常客。

孩子喜爱

孩子们通常对口感细腻、味道鲜美的食物情有独钟。蒸菜正好满足了这一需求，如蒸蛋羹、蒸鱼块等，都是孩子们喜爱的美食。同时，蒸菜中的食材多样，可以为孩子提供丰富的营养，助力健康成长。

年轻人追捧

对于年轻人来说，饮食的健康与美味同样重要，蒸菜正好符合这一理念。蒸菜低油低盐，符合现代人对健康饮食的追求。同时，蒸菜的种类繁多，可以满足年轻人对口味多样性的需求。无论是家庭聚会还是朋友聚餐，蒸菜都是受欢迎的佳肴。

原汁原味，营养还是蒸的好

蒸，这一古老精妙的烹饪技艺，简约但不简单，不仅满足了我们的味蕾，也守护着我们的健康，真可谓好处多多。

原汁原味

蒸制食物通过水蒸气来加热，避免了与火源或油脂直接接触，从而有效保留了食物的自然风味和汁液。这种方式烹饪出的食物更加鲜美，让人能够品尝到食材最本真的味道。

保留营养

蒸制是一种相对温和的烹饪方式，较少破坏食物中的营养成分。对于富含维生素、矿物质和膳食纤维的食物来说，蒸制能够最大限度地保留这些宝贵的营养，让人们在享受美食的同时，也能够摄取到身体所需的各种营养素。

有益健康

蒸制食物通常不需要添加过多的调味料，少油少盐，因此更加健康，适合需要控制油脂摄入或减肥的人群。蒸制还能够保持食物的湿润度，使食物更易于消化和吸收。选择蒸制这种烹饪方式，就是选择了一种更加健康、更加贴近自然的生活方式。

广泛应用

蒸制适用于各种食材，无论是肉类、鱼类、蔬菜还是谷物，都可以通过蒸制来烹饪。同时，蒸制还可以与其他烹饪方式相结合，烹饪出更多样化的美食。

打造你的专属蒸制神器

做蒸菜，工具特别简单。在家做蒸菜，下面的工具都可以帮你做出美味蒸菜。

传统蒸锅

蒸锅以其深邃的锅体和紧密的锅盖设计，能够牢牢锁住蒸汽，为大块食材如整鸡、整鱼提供充足的蒸煮空间。在蒸锅的密闭空间中，食材的鲜味和营养得以最大程度地保留，让人品尝到原汁原味的美食。

蒸笼以其轻巧的框架结构和密布的小孔设计，让蒸汽能够均匀穿透每一层，使包子、馒头等受热均匀，口感松软不粘屉。蒸笼的透气性使得食物在蒸煮过程中能够保持其原有的色泽和风味，让人回味无穷。

电蒸锅

电蒸锅又称电蒸笼，是传统蒸锅的延伸与发展，内置智能加热系统，操作简便，使用方法类似电饭煲，厨房新手也能轻松操作。可半自动控制，预设时间和温度，实现预约定时和自动保温功能，非常适合现代家庭，尤其是上班族使用。有的有多层，可根据需要对蒸格进行自由组合。且有些具有过热及防干烧保护功能，安全性高，使用放心。有的电蒸锅也可用来加热饭菜、炖汤、煲粥等，具有多种功能。

压力锅

给压力锅配个蒸架（篦子），也能用来蒸食物。压力锅可以加压，缩短烹饪时间，比较节省时间和能源，适合蒸较难熟的食材。且高压环境还有助于锁住食物的营养和风味，因此菜品更加鲜美。

其他工具

如果没有传统蒸锅、电蒸锅、压力锅等工具，电饭煲、炒锅也可用来制作蒸菜。如给电饭煲加上自带的蒸屉，将准备的食材放入蒸屉里，选择“蒸煮”模式即可蒸菜。

给炒锅搭个支架，再加上盖子，即是简单蒸锅。如果炒锅较小，则比较适合蒸容易熟的食材，如海鲜等。如果炒锅较大，如农家灶台的炒锅，则可蒸各种美食。

多种多样的蒸法

虽然“蒸”这种烹饪方式操作简单，但在具体操作上，方法也多种多样。具体来说，根据如何使用蒸汽，可分为足气蒸和放气蒸；根据烹饪菜品的具体方法和风味，可分为清蒸、粉蒸、旱蒸、扣蒸等。做蒸菜时，应根据食材选择其适宜的蒸法，这样才能做出美味菜肴。下面一起来看看各种蒸法吧！

足气蒸：指将加工好的食材或经过前期热处理的半成品摆盛于盘中，加调味品后放入蒸制工具里，蒸制到需要的成熟度再开锅的蒸法。蒸菜时，中间要盖严盖子，不要漏气，也不要在蒸制期间开锅。一般而言，像猪肉、鸡肉、南瓜等新鲜的动植物原料，比较适合用足气蒸。

放气蒸：蒸菜时，不需要那么多水蒸气，而是需放掉一部分水蒸气。具体而言，需根据食材的性质、菜品的不同要求，在不同时段放气。通常有三种方法：开始放气、中途放气、即将成熟时放气。这种蒸法比较适合极嫩的蛋类、芋泥等食材。

清蒸：又称为清炖，指的是将原料初步加工后，加上调料或少许清汤，入锅蒸熟，然后根据需要淋上芡汁的方法。清蒸时，食材需新

鲜，清洗干净，有的还需要先焯水，清蒸出来的菜品清淡、味鲜、质地嫩。

粉蒸：是一种将加工好的食材调好味后，拌上熟米粉蒸制的方法。原料通常选择质地鲜嫩无筋、易成熟的，或质地老韧无筋、肥瘦相间、新鲜的，如猪肉、鸡肉、鱼肉、豆类蔬菜或根类等。

扣蒸：又叫旱蒸，即将原料改刀处理好后，只加调味品，不加汤汁，按一定顺序码入碗中，有的需要加盖或封口，蒸熟后翻扣装盘，再根据需要淋入芡汁的方法。原料多选择新鲜无异味、易熟、质感软嫩的，如猪肉、鸡肉、蔬菜、水果等。

包蒸：即将原料加工好腌制入味后，用竹叶、荷叶、芭蕉叶、网油等包裹好，放入蒸制工具中蒸熟的方法，有的还需用烘焙纸包好再入锅蒸。

酿蒸：又称花色蒸，指将加工处理好的原料，如番茄、苦瓜、辣椒等，装入容器内，或在原料表面涂贴鸡蓉、鱼蓉、虾蓉等，涂成各种形状、色彩，再入锅蒸制的方法。

此外，还有糟蒸、上浆蒸、炮蒸、汤蒸等其他蒸制方法，每一种蒸法都独具特色。无论是家庭聚餐还是正式宴席，这些蒸制方法都能够大显身手，为餐桌增添一道道美味佳肴。

恰当火候，锁住营养与鲜美

制作蒸菜时，火候非常重要，蒸得过老或过生都不可，需按烹调要求和原料老嫩来掌握火候，火力强弱和时间长短有如下区别：

1. 旺火速蒸。质地嫩的原料，如蔬菜类、鱼类，需用旺火速蒸，蒸熟而不蒸烂，大约 15 分钟。

2. 旺火长时间蒸。质地较老或块形较大，要求蒸得酥烂的原料，如粉蒸肉、蒸鸡等，需旺火长时间蒸，才能使成品酥烂。

3. 中小火缓蒸。若是质地较嫩的原料，或经过了细致加工的菜品，或一些造型花色菜，需保持鲜嫩或造型形态，则用中小火缓蒸，时间也不宜过长，以免影响口感、色泽和形态，如芙蓉蛋糕等。

4. 猛火先蒸，然后小火保温。蒸制带馅面点时，可采用此方法，能保持食物松软的口感。

快手攻略

做蒸菜，除了要掌握好火候和时间外，还需把握以下几个要点：

1. 选料要新鲜。蒸菜对原料的形态和质地的要求是比较高的。蒸制时，原料中的蛋白质不易溶解于水，调味品也不容易渗透到原料中，所以原料要嫩而多汁，如猪肉、鸡肉、鸭肉、鱼肉、豆腐、冬瓜、莲藕、南瓜等。干硬的食材如牛蹄筋等，就不适合蒸制。原料的新鲜程度在很大程度上可决定成品的品质和营养，且蒸菜不像油炸、油烹，较难将原料中的异味除去，所以，选料要新鲜、气味纯正。若选料不新鲜，成品则易有异味，质感也大大下降。

2. 调味要得当。调味分为酸、辣、咸、甜等基础味和补充味。基础味是在蒸制前调出来的。为了使原料入味，浸渍的时间要长一些，但不能用辛辣味的调味品，以免原料本身的鲜味被抑制。有些蒸菜还需要有

一定量的油，才能保持菜肴的口感，如做清蒸虾时，因为虾的脂肪量较少，需加入一定量的猪油丁、肥膘，再入锅蒸制，这样成品才会油润光滑，味道鲜美。

3. 选择合适的蒸制工具和蒸制方法。无论是传统的蒸笼还是现代的蒸锅，蒸制效果都不错，但需注意锅盖要盖严实，这样才会有好的蒸制效果。并根据原料、烹制要求选择适宜的蒸制方法，这样蒸制出来的菜才美味。

4. 水量要把握好。蒸菜时，若水太少，蒸汽量会减少，锅也易烧焦。水量要加够，但应该留出水蒸气循环的空间，水量在蒸架下 0.5~1 厘米为宜。蒸制 10 分钟左右需检查水是否足够等。若要加水，则加入热水，这样温度才不会下降。

5. 待水烧开再放材料。需先等锅里的水烧开后再放入需要蒸制的菜，蒸制时需隔水蒸，若是炖，就直接放在水里加热。中途尽量不要打开锅盖，以免影响菜的口感和味道。停火后，不必马上出锅，让余温再虚蒸一会儿。

6. 注意菜的码放顺序。蒸菜时，汤水多的菜放在下面，汤水少的菜放在上面，这样方便拿取，以免烫伤；深色菜放在下面，淡色菜放在上面；因为热气向上，上层蒸汽的热量高于下层，所以易熟的菜放在下面，不易熟的菜放在上面。

蒸肉，温补强身

猪肉

营养成分

- **蛋白质：** 蛋白质含量丰富，且氨基酸组成合理，易被人体吸收利用。
- **矿物质：** 富含铁、锌等矿物质，铁元素有助于改善贫血，锌则对免疫系统有重要作用。
- **维生素：** 含有维生素 B_1、维生素 B_2 等多种维生素 B 群，有助于提高身体代谢能力。

食疗功效

滋阴润燥： 猪肉具有一定的滋阴润燥作用，适合阴虚体质者食用。

改善贫血： 猪肉中的铁元素含量较高，且易于人体吸收，有助于改善缺铁性贫血。

增强体力： 猪肉中的蛋白质和脂肪能为机体提供充足的能量，有助于增强体力。

促进发育： 猪肉中的蛋白质和矿物质对儿童和青少年的生长发育有益。

如何蒸制更营养美味

1. 选材： 选择新鲜的瘦肉部位，如里脊肉或猪腿肉，以确保肉质鲜嫩且脂肪含量较低。

2. 腌制： 将猪肉切成薄片或块状，用盐、生抽、料酒、姜片等调料腌制 30 分钟以上，使猪肉充分入味。

3. 搭配： 可以在猪肉下垫一些蔬菜，如土豆、胡萝卜或南瓜等，这些蔬菜不仅能增加营养，还能吸收猪肉的油脂。

4. 蒸制： 腌制好的猪肉和蔬菜放入蒸锅中，大火蒸制 20~30 分钟，根据猪肉的厚度和个人口感喜好调整蒸制时间。

饮食禁忌

猪肉不宜与杏仁、茶等同时食用，以免影响消化吸收。此外，高血脂、痛风人群食用需要适量。

南瓜粉蒸肉

补肾益气、美容养颜

材料：

五花肉 400 克，南瓜半个，蒸肉粉 2 盒，料酒、酱油各 15 克，甜面酱 20 克，辣椒酱、糖、蒜末各 10 克，葱花 5 克

操作步骤：

1. 五花肉洗净，去皮，切成肉蓉，放入料酒、酱油、甜面酱、辣椒酱、蒜末、糖、清水腌渍半小时；南瓜洗净，将瓜瓤刮净，切花边，放在蒸碗内。
2. 将蒸肉粉拌入五花肉中，均匀裹上一层后，将五花肉放在南瓜里，入锅以大火蒸 30 分钟，出锅撒上葱花即可。

梅干菜蒸五花肉

滋阴润燥、生津开胃

材料：

带皮五花肉 300 克，梅干菜 70 克，老抽、冰糖、蚝油、生抽、料酒、食盐各适量

操作步骤：

1. 带皮五花肉洗净，放入加有料酒的水里，大火煮 15 分钟；梅干菜用水泡发，洗净切成小段。
2. 五花肉切小块，加入老抽、冰糖、蚝油、生抽、食盐拌匀。
3. 盘底放梅干菜垫底，再放入五花肉，上蒸锅大火蒸 20 分钟，转小火再蒸 70 分钟。

营养贴士

养颜美容、补中益气。

开胃椒蒸猪脚皮

材料：

猪脚皮 500 克，植物油 20 毫升，鲜红尖椒 1 个，精盐 3 克，鸡粉、蚝油、葱花各 5 克，酱椒、小米椒、豆豉各适量

操作步骤：

1. 把猪脚皮切大块，放入大碗中；将酱椒、小米椒剁碎，加入精盐、豆豉，用热植物油烧制成酱椒汁，然后放入鸡粉、蚝油冷却；鲜红尖椒切粒。
2. 把冷却的酱椒汁浇在猪脚皮上，撒上之前切好的鲜红尖椒，入笼蒸，蒸至猪脚皮酥烂，撒上葱花即可。

竹筒肉

滋阴补血、健脾养胃

材料：

猪肉 200 克，糯米 300 克，酱油、五香粉、精盐、竹叶、竹筒各适量

操作步骤：

❶ 竹筒削掉竹节，剖开一段，洗净备用；猪肉洗净后切成末，加五香粉、酱油、精盐腌好备用；糯米泡好备用。

❷ 先用竹叶包好一头，然后填一些糯米，再填一些肉，最后用竹叶把另外一头也包好，入锅蒸 20 分钟即成。

清蒸狮子头

补虚强身、清热养阴

材料：

五花肉 300 克，马蹄 100 克，油菜适量，鸡蛋 1 个，枸杞子 2 克，料酒 15 毫升，淀粉 10 克，清汤 1 碗，盐、胡椒粉、味精各少许

操作步骤：

❶ 油菜洗净，用热水焯烫后，对切成两半，放入碗中，加少许清汤；马蹄切丁，五花肉切粒。

❷ 将马蹄丁、五花肉粒放入盆中，加盐、料酒、胡椒粉、味精、鸡蛋液、淀粉搅打上劲儿，用手团成球状，即成狮子头，入笼蒸 60 分钟，取出放入步骤❶的碗中，撒上枸杞子即可。

浏阳豆豉蒸排骨

滋阴润燥、益精补血

材料：

小排骨 600 克，传统豆腐 1 块，浏阳豆豉酱 30 克，料酒、精盐、味精、葱花各适量

操作步骤：

❶ 排骨先用料酒和精盐腌 15 分钟，再加入浏阳豆豉酱搅拌均匀。

❷ 将豆腐从中间剖开，铺在盘底，上面撒点精盐、味精，再将排骨铺排在上面，盖上保鲜膜，放入蒸锅中蒸 1 小时至排骨熟烂，取出并去除保鲜膜，撒上葱花即可。

粉蒸排骨

滋阴润燥、补血

材料：

肋排 700 克，大米 100 克，八角 1 粒，红椒 1 个，腐乳汁、老抽、蚝油、白酒各 15 毫升，盐 3 克，葱花、姜片、花椒各适量

操作步骤：

❶ 肋排洗净沥干，加白酒、姜片腌渍 15 分钟，拣出姜片，加调味品继续腌渍。

❷ 大米淘好晾干，放入炒锅中，不加油不加水，再放入八角、花椒、红椒，小火翻炒至大米微黄，打碎成颗粒状米碎。

❸ 将米碎倒入肋排中拌匀，使肋排表面均匀裹上米碎，然后将肋排放入高压锅中蒸 30 分钟，撒上葱花即可。

牛肉

营养成分

- **蛋白质：** 蛋白质丰富，且氨基酸种类齐全，比例适当，容易被人体吸收利用。
- **维生素：** 富含多种维生素，尤其是B族维生素，如维生素B_2、维生素B_{12}等。
- **矿物质：** 富含多种矿物质，包括铁、锌、钾、磷、镁、钙等，对骨骼健康等有重要作用。

食疗功效

补脾胃： 牛肉富含的蛋白质和其他营养成分，易被人体吸收，可益气养胃。

益精血： 牛肉中含铁量较高，且为易吸收的血红素铁，适量食用，可改善缺铁性贫血症状。

强筋骨： 牛肉中的蛋白质、矿物质等，可为人体提供多种营养成分，有利于肌肉、骨骼的健康。

如何蒸制更营养美味

1. **选材：** 选择新鲜的、瘦肉较多的部位，如牛腱肉、牛里脊、牛腩，确保牛肉无血水、无异味，质地紧实有弹性。

2. **腌制：** 逆着纹理将牛肉切成条状或薄片，根据个人口味，加白糖、蚝油、料酒、豆豉、白胡椒粉、姜片、葱段等调味，抓匀腌制20~30分钟。

3. **搭配：** 可在牛肉下放一些山药、胡萝卜或南瓜，增加营养和风味。

4. **蒸制：** 将腌制好的牛肉和搭配的食材放入蒸锅里，用大火或中火蒸制，牛里脊一般蒸15~20分钟，牛腩一般蒸30~40分钟。

饮食禁忌

牛肉不可与栗子、蜂蜜、韭菜同食。消化力弱、高甘油三酯、高胆固醇者不宜食用牛肉。

营养贴士

补中益气、滋养脾胃、强健筋骨。

小笼粉蒸肉

材料：

牛肉 300 克，酸菜 100 克，糯米粉 80 克，酱油 25 毫升，葱花、姜末、豆瓣酱各 15 克，甜面酱、料酒各 10 毫升，淀粉、白糖各 5 克，鸡精 2 克，植物油适量，胡椒粉、香菜各少许

操作步骤：

1. 牛肉去筋，洗净，切成片，装在碗内，加入葱花、姜末，放入甜面酱、豆瓣酱、酱油、料酒、白糖、鸡精、淀粉、糯米粉、植物油拌好，腌渍片刻。
2. 酸菜洗净，挤干水分，摆放在盘底；香菜洗净，切段。
3. 裹匀糯米粉的牛肉片铺在酸菜上，入蒸锅用旺火足气蒸 1 小时，待牛肉熟透取出，撒上胡椒粉、香菜段即可。

豆豉尖椒蒸牛肉

强筋健骨、补气血

材料：

瘦牛肉 370 克，红尖椒、洋葱各 10 克，豆豉酱、酱油各 30 毫升，胡椒粉 3 克，葱、姜各 8 克，料酒 13 毫升，香油适量

操作步骤：

❶ 葱切花；红尖椒切圈；姜切末；洋葱切丝。

❷ 牛肉切成薄片，用酱油、豆豉酱、胡椒粉、料酒拌匀，撒上葱花、红尖椒圈、姜末、洋葱丝，放入碗中上屉蒸熟。然后取出牛肉，浇上香油即成。

扒牛肉条

滋养脾胃、强健筋骨

材料：

牛肉 500 克，葱段、姜片各 10 克，酱油、绍酒各 10 毫升，盐 6 克，八角 5 克，芝麻油 6 毫升，水淀粉、香葱花各少许

操作步骤：

❶ 将整块牛肉加入开水焯一下，然后锅中添水，加入葱段、姜片和牛肉用大火煮沸，撇去浮沫后转小火焖煮约 150 分钟。

❷ 将熟牛肉切成长条，摆放到碗中，加入绍酒、酱油、盐、八角、葱段、姜片和煮牛肉的原汤，上锅蒸约 20 分钟，取出，去八角、葱段、姜片，将牛肉装入盘中。

❸ 锅中倒入蒸牛肉的汤汁，大火煮沸，用水淀粉勾芡，淋上芝麻油，浇在牛肉上即可。

榨菜蒸牛肉

补脾胃、强筋健骨

材料：

牛肉 200 克，榨菜 100 克，酱油 20 毫升，淀粉 10 克，植物油 15 毫升，葱花、姜丝各适量，胡椒粉、白糖各少许

操作步骤：

❶牛肉、榨菜洗净切片。牛肉片加酱油、淀粉、植物油、胡椒粉及少许凉开水拌匀，腌渍约 10 分钟；榨菜片以少许白糖拌匀，摆在盘底，上面铺好牛肉，撒上姜丝。

❷ 蒸锅中烧开水，放入牛肉蒸约 15 分钟，至牛肉熟透后取出，撒上葱花即可。

牛胸蒸江米

益精补血、补中益气

材料：

牛胸肉 200 克，江米 300 克，植物油适量，精盐 3 克，鸡精、胡椒粉各少许，花椒油 20 毫升，干淀粉 10 克，香料包（花椒 2 克，八角、桂皮、茴香各 3 克，丁香 1 克）

操作步骤：

❶ 锅中放牛胸、适量清水、香料包烧开，改小火卤制八成熟时捞出，稍晾后切成小条；江米用温水浸泡 3 小时，控干水后，拌入精盐、鸡精、胡椒粉、花椒油，调匀。

❷ 牛胸条拍干淀粉，裹满江米放入蒸笼中，大火蒸制 40 分钟后装盘。

❸ 花椒油烧热，浇到蒸好的菜上即可。

营养贴士

补中益气、滋养脾胃、强健筋骨。

原笼牛肉

材料：

牛肉（肥瘦）650 克，地瓜 600 克，蒸肉粉 100 克，豆瓣酱、甜面酱、酱油各 15 毫升，葱花、白砂糖、味精各 10 克，色拉油 5 毫升，香油 3 毫升，姜末 3 克，冷高汤适量

操作步骤：

1. 牛肉整理干净，切薄片；地瓜洗净，去皮切丁；蒸肉粉用净锅略加烘烤后备用。
2. 将豆瓣酱、甜面酱、酱油、白砂糖、味精、色拉油、姜末拌均匀，放入牛肉中腌 20 分钟，然后加入冷高汤将肉片润湿，再一一敷上蒸肉粉。
3. 地瓜丁在剩余的调料中稍浸，铺在小蒸笼的笼底，上置肉片，大火蒸 40 分钟，取出，淋香油，撒葱花即可。

羊肉

营养成分

- **蛋白质：**富含人体需要的多种氨基酸，是优质蛋白质的良好来源。
- **脂肪：**含有一定量的脂肪，包括较多的磷脂，对神经系统的发育和保健有重要作用。
- **维生素：**含有多种维生素，如维生素A、维生素B等，能促进能量代谢、维持神经系统健康等。

食疗功效

补肾壮阳：羊肉能够温补肾阳，对肾阳不足导致的腰膝酸软、阳痿早泄等症有一定改善作用。

益气养血：羊肉富含的蛋白质、维生素 B_{12} 、铁等，是人体造血的必需原料，因此吃羊肉可益气养血，改善气血不足的情况。

健脾温中：羊肉温热的特性可以温暖脾胃，促进脾胃的消化吸收功能，对脾胃虚寒引起的胃痛、腹泻等症状有一定改善作用。

抵御寒冷：羊肉温热，可促进血液循环，有很好的暖身作用。同时，吃羊肉也可增加免疫力，提高抗寒冷能力。

如何蒸制更营养美味

1. 选材：不同部位的羊肉风味和口感不同，如羊腿肉肉质细嫩，羊肋排肥瘦相间，蒸制后口感鲜嫩多汁。可根据个人喜好，选择新鲜羊肉。

2. 腌制：将羊肉切片或切块后，用葱、姜、蒜、料酒、生抽、盐等腌制30分钟以上，使羊肉入味。

3. 搭配食材：可在羊肉下面铺一层小米，或加入白萝卜、胡萝卜，给菜肴增加营养和风味。

饮食禁忌

羊肉不宜与乳酪、荞麦、南瓜、赤豆、豆浆、梅干菜、西瓜等同食。孕妇、外感病邪和容易上火者不宜食用羊肉。

粉蒸羊肉

益气补虚、温中暖下

材料：

羊腿肉500克，大米粉200克，姜末、料酒、泡椒末、香菜、香油、味精、花椒油、胡椒粉、精盐各适量

操作步骤：

❶ 将羊肉洗净后绞碎，放入料酒、姜末、精盐、味精拌匀，腌渍10分钟；香菜去叶，梗切段；大米粉放入锅内炒香，倒出压碎，放到蒸笼中蒸烂。

❷ 将腌好的羊肉加胡椒粉、花椒油、泡椒末和蒸好的大米粉拌匀，上屉蒸熟，取出放上香菜段，淋上香油即成。

口蘑蒸羊肉

提高免疫力、保护肝脏

材料：

口蘑100克，羊肉、白菜各200克，芥蓝少许，食盐、白糖、酱油、黑胡椒粉、香油各适量

操作步骤：

❶ 白菜洗净，取杆茎，切段；芥蓝洗净，切碎；羊肉、口蘑切片，加酱油、白糖、食盐、黑胡椒粉、香油、芥蓝拌匀，腌渍10分钟。

❷ 将白菜杆茎铺在盘子中，放入腌渍好的羊肉、口蘑，锅开后放入蒸10分钟即可。

营养贴士

补阳、壮腰健肾、驱寒等。

原蒸五元羊肉

材料：

带皮羊肋条肉1000克，荔枝、桂圆、红枣、枸杞子、桂皮、干辣椒各10克，莲子30克，大曲酒30毫升，葱、姜各15克，料酒10毫升，猪油（炼制）60克，精盐5克，味精1克，胡椒粉2克，大蒜25克，蜂蜜50克，清汤500毫升，鸡油、青豌豆各适量

操作步骤：

1 葱和姜拍破；大蒜去皮；红枣洗净；荔枝剥去壳洗净；带皮羊肋条肉洗净，冷水下锅焯水后捞出洗净血沫。

2 将羊肋条肉放入垫有粗竹席的砂锅内，加葱、姜、大曲酒、桂皮、干辣椒、水（以没过羊肉为准），旺火烧开，撇去浮沫，转小火煨到八成熟取出，稍凉，切块，下入猪油锅中煸出香味，烹料酒，装入汤盅内，放入荔枝、桂圆、红枣、莲子、枸杞子、青豌豆、大蒜、蜂蜜、胡椒粉、精盐、味精、清汤和原汤，上笼蒸至酥烂、浓香取出，放入鸡油即可。

鸡肉

营养成分

- **蛋白质：** 含丰富蛋白质，且氨基酸组成与人体需要接近，易被人体吸收和利用。
- **维生素：** 富含维生素 A、B 族维生素（如维生素 B_6、维生素 B_{12}、烟酸等）、维生素 E 等。
- **矿物质：** 含有一定量的铁、锌、硒等元素，富含钾、磷等元素，对骨骼健康有重要作用。

食疗功效

温中补脾： 鸡肉作为一种性质温和、味道甘美的食材，能够深入脾经和胃经，可温中益气。

益气养血： 鸡肉富含的蛋白质、铁、维生素 B，可促进造血功能。若气血不足，鸡肉是一种理想的滋补食材。

补肾益精： 鸡肉中的蛋白质、矿物质、维生素等可滋补肾脏，对于肾虚所致的腰膝酸软、早泄、阳痿等症有一定的缓解作用。

增强体质： 鸡肉富含多种易被人体吸收的营养物质，可强身健体，其中还有丰富的卵磷脂可促进智力发育。

如何蒸制更营养美味

1. 选材： 根据个人口味，选择不同部位的新鲜鸡肉，如鸡腿肉肉质鲜嫩多汁、鸡翅肉皮滑肉嫩。

2. 腌制： 将鸡肉切成大小均匀的块状（鸡翅则划几刀或用牙签扎几下）后，用白糖、淀粉、生抽、老抽、白胡椒粉等腌制 15~20 分钟，使鸡肉入味。

3. 搭配： 可放入一些香菇、木耳等菌类食材，既能吸收汤汁，又给鸡肉增添独特的香气。

饮食禁忌

鸡肉不宜与糯米同食过多。高血压、高血脂、胆囊炎患者慎食，尿毒症患者忌食。

剁椒黑木耳蒸鸡翅

润肠降脂、增强免疫力

材料：

鸡翅400克，黑木耳200克，剁椒、蒜、姜、葱、糖、生抽、植物油、香油、盐各适量

操作步骤：

① 姜和蒜切碎；葱切末；木耳提前泡发；鸡翅洗净。

② 锅里下植物油，放姜、蒜爆香，然后加入剁椒、糖、生抽、盐制作成调味料，浇在鸡翅上进行腌渍。

③ 将腌过的鸡翅均匀码在黑木耳上面，把所有的酱汁都淋在表面，放到蒸锅中蒸25分钟，最后撒上葱末，淋香油即成。

豆豉酱蒸鸡腿

滋补养身、益气养血

材料：

鸡腿2个，葱、姜、蒜、生抽、老抽、蚝油、料酒、白胡椒粉、花椒粉、豆豉酱、糖、精盐各适量

操作步骤：

① 鸡腿洗净后切一刀方便入味；葱、姜、蒜切碎待用。

② 把鸡腿和其他所有调味料放在一个盆内拌匀，然后装入保鲜袋中，放冰箱冷藏腌渍过夜。

③ 将鸡腿放入蒸锅中，水开后，中火蒸约20分钟即可。

美人椒蒸鸡

健身健体、下气消食

材料：

鸡肉 300 克，美人椒 70 克，青杭椒 50 克，熟猪油 100 克，食盐 5 克，香油 5 毫升，味精 3 克，生抽、料酒各适量

操作步骤：

❶ 鸡肉洗净，切块，用生抽、料酒、食盐腌渍 10 分钟；美人椒、青杭椒洗净切末。

❷ 锅中倒油烧热，放入鸡块略炸，捞起装碗，放入美人椒、青杭椒、食盐、味精拌匀，入蒸笼蒸熟，取出后滴上香油即可。

腐乳茄嫩鸡

滋补强身、清热活血

材料：

鸡腿适量，大蒜、香菜、彩椒各少许，白腐乳、长茄子、盐、高汤精、料酒、白糖、酱油、香油、葱末、姜末、蚝油各适量

操作步骤：

❶ 将茄子去皮切成条，撒入盐略腌一会儿，再挤去多余的水分，摆盘备用；大蒜切片，放入油锅内煸炒一下备用。

❷ 鸡腿去骨切成条，加入白腐乳、高汤精、葱末、姜末、酱油、蚝油、料酒、香油、白糖、盐搅拌均匀，腌渍片刻后放在茄子上，入蒸锅蒸 8 分钟，出锅后撒入香菜、彩椒丁、蒜片即可。

营养贴士

增强体质、益气养血、温中补脾等。

金针菇蒸鸡腿

材料：

大鸡腿 1 个，金针菇 10 克，鲜黑木耳 15 克，大蒜（白皮）、姜、蚝油、盐、浓缩鸡汁、白糖各适量

操作步骤：

1. 鸡腿洗净拭干水，斩成块状，原样摆入碟中；金针菇去根部，洗净后切半；鲜黑木耳去蒂，洗净切成细丝；大蒜、姜切成蓉状。
2. 将适量蚝油、白糖、浓缩鸡汁、盐、清水和姜蓉、蒜蓉拌匀，做成酱汁；在鸡腿上铺一层黑木耳和金针菇，均匀地浇入一层酱汁，再盖上一层保鲜膜。
3. 锅内加水，烧开后放入摆好的鸡腿，加盖，大火隔水清蒸 15 分钟即可。

蒸蛋、蒸豆腐，鲜香滑嫩

蛋类

营养成分

- **蛋白质：** 蛋白质含量很高且多为优质蛋白，易于吸收。
- **脂肪：** 鸡蛋中的脂肪主要集中在蛋黄里，多为不饱和脂肪酸，含有单不饱和脂肪酸和多不饱和脂肪酸等，有益于心脏健康。
- **维生素：** 富含维生素 A、维生素 B、维生素 D、维生素 E 和叶酸等。

食疗功效

鸡蛋： 富含蛋白质、维生素 B_{12}、卵磷脂等，可补肺养血、滋阴润燥、健脑益智等。

鸭蛋： 含有蛋白质、多种矿物质（如钙、铁、锌等）、脂肪等，可滋阴养血、润肺美肤、滋阴清肺、祛热生津等。

鹅蛋： 富含蛋白质、卵磷脂等，可补中益气、清脑益智等。

如何蒸制更营养美味

1. 打散蛋液： 蛋液要充分搅拌、打散，使蛋清与蛋黄充分融合。

2. 加温水、过滤： 打蛋时最好用温水，蛋液与水的比例最好为 1 ：2，如果想要更嫩滑，可为 1 ：3。并用细筛网过滤，去除浮沫和未打散的蛋清筋络。这样蒸蛋质地更细腻、口感更均匀。

3. 增加配料： 可添加适量配料，如切碎的干贝、虾仁、胡萝卜、西蓝花等，以增加营养和口味。

4. 用保鲜膜： 可在碗口覆盖一层保鲜膜，并用牙签扎几个口，以免蛋羹出现蜂窝。

5. 火候与时间： 最好用中火蒸，如果蛋羹表面凝固，中心部位稍微晃动但不流动，说明已蒸熟。

饮食禁忌

鸡蛋与红薯、鸭蛋与李子、鹅蛋与蜂蜜不宜搭配食用。避免生吃或过量食用。

红枣枸杞蒸蛋

补血养颜、滋阴润燥

材料：

鸡蛋 3 个，豆腐 150 克，红枣、枸杞子各 50 克，食盐、鸡精各适量

操作步骤：

1. 红枣和枸杞子用水泡开，洗净，沥干水分。
2. 豆腐洗净后压成蓉，放入碗中，磕入鸡蛋搅散，再加入凉开水、食盐、鸡精搅匀，把红枣和枸杞子放入其中。
3. 将盛豆腐、鸡蛋液的碗放入蒸笼中，用中火蒸 10 分钟即可。

三色蒸蛋

补气血、健脑益智

材料：

松花蛋、鸡蛋各 2 个，香油、海鲜酱油各适量

操作步骤：

1. 把鸡蛋的蛋清和蛋黄分别放在两个碗里搅散。
2. 选深一点的容器，铺上锡纸，将松花蛋切小块，放在容器的最下面，倒入鸡蛋清，放到开水锅中，用小火蒸 5 分钟。
3. 再把蛋黄倒在蒸凝固的蛋清上面，再蒸 5 分钟出锅，晾凉切小块，蘸香油和海鲜酱油吃。

什锦鸡蛋羹

滋阴润燥、补气血

材料：

鸡蛋 1 个，瘦肉末 50 克，沙司、食用油各适量，香菇末、胡萝卜粒、青豌豆、玉米、精盐各少许

操作步骤：

❶ 鸡蛋兑入温水打散；锅中加少许油，油热后，分别下入瘦肉末和香菇末煸炒 1~2 分钟，倒入蒸碗中，再倒入蛋液，加少许精盐搅拌均匀。

❷ 倒入胡萝卜粒、青豌豆和玉米，淋上沙司上色。

❸ 锅中倒入开水（或将水先烧开），将鸡蛋液放入，蒸 8 分钟左右即可。

豆腐蒸蛋

滋阴润燥、补脑健脑

材料：

鸡蛋 3 个，豆腐 150 克，火腿 50 克，精盐、味精各适量

操作步骤：

❶ 将豆腐洗净后压成蓉，放入碗中，磕入鸡蛋搅散，再加入水、精盐、味精搅匀。

❷ 火腿剁成碎末，撒在豆腐鸡蛋液上。

❸ 将豆腐鸡蛋液放上蒸笼蒸，用中火蒸 10 分钟取出即成。

鸡蛋焖子

健脑益智、补肺养血

材料：

鸡蛋 300 克，香油、辣椒、黄豆酱、葱花各适量

操作步骤：

❶ 辣椒切粒；鸡蛋打散，加入黄豆酱拌匀，加辣椒粒、葱花拌匀，再加适量水。

❷ 倒入容器中，入锅大火蒸 10 分钟。蒸好以后淋上香油即可。

鱼香蒸蛋

补气血、滋阴润燥

材料：

鸡蛋 3 个，白糖 5 克，鲜木耳、麻油各少许，肉馅、郫县豆瓣酱、精盐、生抽、老抽、蚝油、醋、姜、葱、蒜、植物油、淀粉各适量

操作步骤：

❶ 精盐、淀粉、生抽、老抽、蚝油、醋、白糖、麻油加适量水调成汁备用；鲜木耳洗净撕小朵；葱切花；姜、蒜切末。

❷ 把鸡蛋打在碗里后，放入精盐、香油搅匀，入蒸锅蒸熟。

❸ 炒锅烧热植物油，放肉馅炒熟，再放入姜末、蒜末爆香后，加郫县豆瓣酱翻炒，加入木耳一同翻炒，最后放入调好的调味汁和葱花翻炒均匀，浇在蒸蛋上面即可。

豆腐

营养成分

- **蛋白质：**富含蛋白质，有多种人体必需氨基酸。
- **脂肪：**含有脂肪，以不饱和脂肪酸为主，有益心血管健康。
- **维生素：**含有多种维生素，如维生素E、维生素B_1、维生素B_2等。
- **矿物质：**富含钙、镁、铁、钾等矿物质，钙对维持骨骼、牙齿健康有一定帮助。

食疗功效

补充营养：豆腐是优质植物蛋白的来源，含多种矿物质、微量元素和维生素等。

保护心血管：如豆腐中的大豆异黄酮可降低胆固醇，不饱和脂肪酸有助于改善心血管系统的功能。

调节内分泌：大豆异黄酮对内分泌系统有一定的调节作用，如能够调节女性体内的雌激素水平。

生津润燥：豆腐味甘、性凉，可生津、清热润燥，尤其在干燥的季节，可补水，保持肌肤的水润，美容养颜。

如何蒸制更营养美味

1. **选材：**选择新鲜的豆腐。
2. **切块、除水：**将豆腐切成大小均匀的块状，静置30分钟，去除多余的水分，如果是做豆腐泥，可使用滤网滤去水分。
3. **调味腌制：**可加入盐、生抽、料酒等调味料，腌制5~10分钟，让豆腐入味。
4. **搭配食材：**可在豆腐上铺上虾仁、菌菇、蔬菜等，增加营养和丰富口味。
5. **蒸制：**大火蒸制，5~15分钟即可。蒸好后去除多余水分，根据个人口味淋上香油、蒸鱼豉油等调味。

饮食禁忌

豆腐不可与菠菜、蜂蜜同食。血尿酸浓度过高和痛风患者慎食。

剁椒肉末蒸豆腐

祛脂降压、补气活血

材料：

肉末 100 克，剁椒 20 克，葱 1 根，日本豆腐、油、盐、生粉、生抽各适量

操作步骤：

❶ 日本豆腐切成小段；葱叶、葱白切碎放入肉末中，加入盐、生粉、生抽，搅拌至黏稠。

❷ 把肉末覆盖在豆腐上面，在肉末上面铺上剁椒，入锅大火蒸 12 分钟，关火，虚蒸 5 分钟出锅。

❸ 将蒸出的汤汁倒入小锅里，加油、生抽一起煮开，淋在剁椒肉末豆腐上，撒上葱花即可。

清蒸酿豆腐

益气补虚、滋阴润燥

材料：

猪肥瘦肉 200 克，老豆腐 400 克，胡萝卜、荸荠、香菇、小白菜各 50 克，葱花、盐、胡椒粉、香油各适量

操作步骤：

❶ 猪肉剁成泥；胡萝卜、香菇、荸荠、小白菜均切成碎丁；将肉泥与所有碎丁放在一起，加入盐、胡椒粉，搅拌均匀成馅。

❷ 老豆腐切小方块，中间用小勺挖一个洞，把调好的馅放进洞内；上蒸锅蒸 10 分钟出锅，撒上葱花，浇上适量香油即可。

营养贴士

降胆固醇、益智健脑、预防便秘等。

瑶柱双菇蒸豆腐

材料：

嫩豆腐 500 克，蟹味菇、茶树菇各 50 克，干瑶柱 30 克，葱 1 根，生粉、生抽、鸡粉、植物油各适量

① 蟹味菇和茶树菇择洗干净，切细丁；葱切花；豆腐切块。

② 干瑶柱洗净放入碗内，注入 1/2 杯清水，入锅大火隔水蒸 15 分钟，取出晾凉后压碎，然后往蒸干瑶柱的水里加入生粉、生抽和鸡粉，调成芡汁。

③ 依次将蟹味菇、茶树菇和干瑶柱铺在豆腐块上，然后在锅内烧热 1 汤匙植物油，倒入芡汁炒匀煮沸，淋在豆腐上，入锅大火隔水蒸 10 分钟，取出，撒上葱花，即可上桌。

山水豆腐

降胆固醇、益气和中

材料：

内酯豆腐1盒，净草鱼片20克，鸡汤20毫升，青椒、红椒各1个，鸡蛋清、胡椒粉、色拉油、盐、味精、生粉各适量

操作步骤：

❶ 内酯豆腐倒入蒸盘中，用筷子在中间插12个小洞，洞中放入盐和味精，上笼大火蒸90秒；青椒、红椒洗净去蒂切末。

❷ 净草鱼片放盐、味精码味后用生粉和鸡蛋清上浆，盖在蒸好的豆腐上，再入蒸锅大火蒸90秒。

❸ 炒锅上火，用鸡汤、青椒末、红椒末、适量盐勾流芡，淋在内酯豆腐上，撒胡椒粉，淋适量沸油即可。

豆腐酿青椒

补充营养、增进食欲

材料：

豆腐300克，青椒2个，食盐5克，鸡精3克，姜末、葱花各适量，胡椒粉少许

操作步骤：

❶ 豆腐冲洗干净，沥干水分，放入碗中压碎，加姜末、食盐和鸡精，搅拌均匀；青椒洗净，对半切开，去蒂及籽。

❷ 将豆腐馅塞入青椒中，压平，撒上胡椒粉、葱花，上锅蒸10分钟，晾凉即可。

鱼蓉蒸豆腐

补虚润燥、保护心血管

材料：

北豆腐350克，鳜鱼50克，大葱、盐各5克，酱油1毫升，植物油5毫升，玉米淀粉10克，胡椒粉2克

操作步骤：

❶ 鱼肉剁烂，加入盐拌打至有胶备用；放玉米淀粉与清水调成糊状备用；葱洗净切成末。

❷ 边拌鱼胶边加粉糊，再放入葱末、豆腐、精盐、玉米淀粉拌匀，拍成好看的形状；酱油、胡椒粉、植物油调成味汁。

❸ 烧沸蒸锅，放入鱼蓉豆腐，用中火蒸约15分钟取出，淋上味汁便成。

咸鱼蒸豆腐

增强免疫、美容养颜

材料：

嫩豆腐1盒，咸鱼1条，青辣椒、红辣椒各1个，姜2片，酱油30毫升，米酒15毫升，植物油适量

操作步骤：

❶ 咸鱼去头、尾，片下两片鱼肉，切成丝备用；豆腐切2厘米厚片；辣椒及姜切细丝。

❷ 将豆腐先排于盘底，咸鱼丝放在豆腐上，于中段分别撒上辣椒丝与姜丝，将酱油、米酒、植物油调匀淋在鱼上，置蒸笼内以中火蒸15分钟即可。

第四章

蒸河海鲜，鲜美滋补

鱼类

营养成分

- **蛋白质：** 富含优质蛋白质，其氨基酸组成与人体组织蛋白质的组成相似，易被人体吸收利用。
- **脂肪：** 不同鱼类含脂肪量不同。多数鱼类富含不饱和脂肪酸，对大脑发育、心血管健康等有益。
- **矿物质：** 含有一定量的钙、锌、钾、硒、磷、钠等矿物质。

食疗功效

补肾益智： 鱼肉中的高质量蛋白质和多种微量元素等，有助于增强记忆力、提高人体免疫力等。

保护心血管： 鱼肉富含大量不饱和脂肪酸，有助于调节血脂、舒张血管，减少炎症、降低血压等。

补虚强身： 鱼肉富含丰富的维生素 A、维生素 B、维生素 D 和磷、镁、钾等营养元素，有助于补充人体所需的营养物质，可滋补身体、增强抵抗力。

保护视力： 鱼肉中的 DHA（人体所必需的一种多不饱和脂肪酸）对视网膜发育有重要作用，维生素 A 可帮助人体预防眼部疾病，保护视力。

如何蒸制更营养美味

1. 选材： 选择肉质细嫩、鲜度高的鱼，如鲈鱼、石斑鱼、鲳鱼等，每条鱼重量最好在 600 克左右。

2. 腌制： 将鱼宰杀洗净后，在鱼身上划几刀，加葱、姜、料酒等腌制 5~10 分钟。

3. 搭配： 可在鱼身上铺上炒过的剁椒，或者豆豉、蒜蓉、柠檬等，再淋上调味料，丰富口味。

4. 蒸制： 蒸鱼时，在盘底铺一层姜片、葱段，既可以去腥，也可以使鱼不粘在盘底。

饮食禁忌

鱼不宜与柿子等含鞣酸食物同食，也不宜同时饮浓茶。

蒸火焙鱼

补充营养、提高免疫力

材料：

火焙鱼 200 克，鲜红椒、姜、蒜、茶油、精盐、醋、生抽、料酒各适量

操作步骤：

1 火焙鱼用温水泡 10 分钟，去掉鱼骨和内脏，清洗干净；鲜红椒、姜、蒜均切末。

2 将处理干净的火焙鱼放入碗中，将切好的鲜辣椒、姜、蒜全部放在火焙鱼上，再加精盐、少许醋、料酒、生抽，淋上茶油，上锅蒸 15 分钟即可。

凉粉鲫鱼

利尿消肿、补脾开胃

材料：

鲜活鲫鱼 1 条（约 750 克），白凉粉 250 克，料酒、红油各 15 毫升，猪网油 200 克，蒜泥、葱花、精盐各 5 克，花椒油 5 毫升，豆豉、芽菜末各 10 克

操作步骤：

1 活鲫鱼处理干净，在鱼身两侧各划几刀，抹上料酒、精盐，用猪网油包好，放入蒸碗，上笼蒸约 15 分钟至熟；凉粉切小块，入清水锅煮开，捞起滤干，加上由红油、豆豉、蒜泥、芽菜末、葱花、花椒油等配好的调料和匀。

2 将蒸好的鱼取出，去掉猪网油，装入盘中，倒上和好的凉粉即成。

营养贴士

抗衰养颜、暖胃和中。

粉蒸草鱼头

材料：

草鱼头 2 个，米粉 100 克，精盐、胡椒粉、味精各 3 克，葱片 10 克，料酒 10 毫升，葱花、姜末各 5 克，白糖 2 克，熟猪油 50 克，上汤（或高汤）、香醋、生抽、香油适量

操作步骤：

1. 将草鱼头用精盐、葱片、姜末、料酒、白糖、味精、胡椒粉腌渍 15 分钟。
2. 将腌好的鱼头和米粉搅拌均匀，然后码入餐具中，淋上熟猪油，再入笼蒸 15 分钟，取出撒上葱花。
3. 将上汤（或高汤）、盐、胡椒粉、香醋、生抽、香油搅匀，作为蘸汁或淋汁与鱼头一同上桌。味汁最好和鱼头同时加热，以保持其鲜美口感。

五更豆酥鱼

预防高血压、养阴清热

材料：

鳕鱼 500 克，猪肉（肥瘦）100 克，豆豉 15 克，黄酒 15 毫升，葱、姜、大蒜（白皮）、辣椒粉各 5 克，味精 3 克，酱油、油各适量

操作步骤：

1. 葱、姜、大蒜切细末；猪肉剁碎成馅备用；去掉鳕鱼的大骨、鳞，放长碟中，淋黄酒，入笼用大火蒸 10 分钟。
2. 炒锅烧热，放油，放入葱末、姜末、蒜末炒香，放豆豉、肉馅同炒，待豆豉散发出香味时，加辣椒粉、酱油、味精炒匀，浇在鳕鱼上即可。

剁椒鱼头

强身健体、提高记忆力

材料：

鱼头 1000 克、姜片 6 克，剁椒、盐、味精、姜丝、葱花、白萝卜片、熟油各适量

操作步骤：

1. 鱼头洗净，去鳃、去鳞，用刀劈成两半，鱼头背部相连；将盐、味精均匀涂抹在鱼头上，腌渍 5 分钟后，将剁椒涂抹在鱼头上。
2. 在盘底放姜片和白萝卜片，将鱼头放上面，再在鱼身上撒上切好的姜丝；上锅蒸 15 分钟，出锅后，将葱花撒在鱼头上，浇熟油，最后放锅里蒸 3 分钟左右即可。

豆豉蒸平鱼

促进消化、益气养血

材料：

平鱼1条，豆豉50克，干辣椒圈、蒜末、姜末、葱段、香油、食盐、味精各适量

操作步骤：

1. 平鱼处理干净，在鱼身上以45度角入刀，割交叉花纹，以便入味。
2. 将豆豉、干辣椒圈、蒜末、姜末、葱段、食盐、味精放入碗内搅拌均匀。
3. 将平鱼放入蒸盘内，将搅拌好的调料倒在鱼身上，淋上香油，蒸熟即可。

清蒸鳜鱼

增强免疫力、保护心血管

材料：

鳜鱼1条，植物油20毫升，火腿、鲜香菇各30克，精盐5克，料酒15毫升，葱、老姜、蒸鱼豉油各适量

操作步骤：

1. 鳜鱼处理干净，在鱼身两面各切五刀，擦上精盐和料酒腌渍10分钟；葱切丝；老姜切细丝；火腿切丝；鲜香菇切条。
2. 盘中垫葱丝和姜丝，在鱼肚中塞入少量葱丝、姜丝，鱼身上放火腿、香菇，将装有鱼的盘子放入蒸屉，大火蒸7分钟后，在鱼身上撒葱丝、姜丝，淋上蒸鱼豉油备用。
3. 大火烧油至七成热，淋在鱼身上即可。

虾类

营养成分

- **蛋白质**：富含高质量蛋白质，且氨基酸组成接近人体需要，易于吸收、利用。
- **矿物质**：富含镁、钙、磷、钾、锌、硒和铁等矿物质，有助于能量代谢和免疫系统的正常运作。
- **维生素**：含有维生素 A、维生素 B、维生素 D、维生素 E 等。

食疗功效

补肾壮阳：在中医理论中，虾被视为一种对肾脏健康大有裨益的食材，有滋补的作用。

通乳：虾富含的钙、磷、蛋白质等成分，对乳汁不通的产妇有一定的帮助。

保护心血管健康：虾中的不饱和脂肪酸有助于降低胆固醇等。

增强免疫力：虾中硒、类胡萝卜素和维生素 E 等，有助于促进身体新陈代谢和增强免疫力。优质蛋白质也有助于提高身体的免疫力。

如何蒸制更营养美味

1. 选材：选择新鲜的，肉质饱满、弹性好、颜色鲜亮的虾，并洗净，去虾线及泥肠、杂质等。

2. 调味与腌制：用姜片、葱段、料酒等将虾腌制 10~15 分钟。还可在虾上淋上一些橄榄油以锁住水分。

3. 蘸料与搭配：可将西蓝花、胡萝卜等与虾一起蒸制，以增加营养和口感。然后根据个人口味调制蘸料，如酱油汁、柠檬蘸汁等。

饮食禁忌

虾不宜与狗肉等同食。肾功能不全者、哮喘病患者慎食。对虾过敏者禁食。

虾仁蒸豆腐

降脂降压、补充营养

材料：

鸡蛋 2 个，豆腐 1 块，精盐 5 克，料酒 5 毫升，虾仁、香油各适量

操作步骤：

① 豆腐切块；虾仁用精盐、料酒腌一下。

② 鸡蛋打入碗中，打散，加适量精盐，加大约摄氏 60~70 度的水搅匀，把豆腐摆在蛋液里，豆腐上面放虾仁；上锅蒸 15 分钟，出锅后淋几滴香油即可。

虾段青瓜盅

补肾壮阳、清热止渴

材料：

河虾 10 只、青瓜 1 根，橄榄油 30 毫升，淀粉、盐、葱末、生抽各适量，银耳、枸杞子少许

操作步骤：

① 青瓜洗净，切 2 厘米的段，将中间的瓤挖去，底不要挖穿；银耳、枸杞子洗净备用；河虾去壳，留下一节尾巴的壳做装饰，将虾肉去虾线剁成泥，放淀粉、葱末、橄榄油和少许盐、生抽，拌成虾肉馅。

② 将虾肉馅酿入青瓜盅中，插上虾尾巴的壳做装饰，摆盘；将银耳、枸杞子点缀在盘中央，用大火蒸 5 分钟即可。

营养贴士

壮阳益肾、补精、通乳、消食等。

健胃开边虾

材料：

红彩椒少许，大虾、香葱、蒜、油、酱油、料酒、白糖、盐、胡椒粉、鸡精各适量

操作步骤：

❶ 将大虾洗净，用刀开背，去除虾线，用料酒和适量盐、胡椒粉、鸡精腌渍 30 分钟以上；红彩椒切成小粒；香葱切碎末；蒜切细末。

❷ 锅内倒适量油，煸香蒜末，然后倒出油和蒜末，加入适量料酒、酱油、盐、鸡精、白糖调成汁。

❸ 将调好的汁加上少许红彩椒粒倒在虾表面上，摆盘，锅烧开水后入锅蒸 2 分钟，出锅撒香葱末即可。

蒜蓉蒸大虾

增强免疫力、通乳

材料：

基围虾适量，食盐、蒜、橄榄油、葱花各适量

操作步骤：

❶ 基围虾剪去边须，在虾背向尾部剪开，挑出虾线，按住虾，顺着剪开的地方平破一刀，再将虾展开，用擀面杖敲打平，在盘中平展码好。

❷ 蒜剁成蒜蓉，加入适量的食盐和橄榄油搅拌均匀，放在虾肉上面。

❸ 将虾肉入锅蒸 7 分钟，出锅后再在上面撒适量的橄榄油和葱花即可。

虾仁蛋羹

健脑益智、保护心血管

材料：

鸡蛋 100 克，虾仁、葱花、香油、盐各适量

操作步骤：

❶ 虾仁洗净，加盐腌渍片刻；鸡蛋打散，加入 2 倍的温水搅拌均匀，过滤到盘子里。

❷ 锅中倒水煮沸，放入鸡蛋，盖上锅盖，中小火蒸至定型，放入虾仁蒸至变色，撒上葱花，滴适量香油即可。

蟹类

营养成分

- **蛋白质：**富含人体必需的各种氨基酸，且易于被人体吸收、利用。
- **维生素：**含有一定量的维生素A、维生素B、维生素E、维生素D等。
- **矿物质：**富含矿物质，有钠、镁、铁、硒、钙、磷、钾等，可增强免疫力。

食疗功效

清热解毒：螃蟹性寒，有清热解毒的作用。

养筋活血：蟹可养筋通络、行血活血，对淤血、跌打损伤、腰腿酸痛等有一定食疗作用。

滋补身体：蟹富含蛋白质、矿物质等，可为身体补充营养，还可增强体质、提高免疫力。

如何蒸制更营养美味

1. 选蟹：选择大小适中、蟹壳呈青色有光泽、活力强的螃蟹，这样的螃蟹口感更佳，也更健康。

2. 清洗：将螃蟹放在盐水或滴了白酒的清水里浸泡，使之吐尽泥沙等，然后用刷子仔细刷洗各个部位，之后可用棉线或专用夹子将螃蟹捆绑好。

3. 蒸制：大火烧开水，将螃蟹腹部朝上放入蒸锅或蒸笼，大火蒸制，可在螃蟹上撒上一些姜片、葱段，淋上一些料酒，以去腥增香。

4. 蘸汁：蒸好后，及时取出。可根据个人口味调制蘸汁，如将姜末、醋、糖、生抽等调制成姜醋汁。

饮食禁忌

蟹不宜与茄子、南瓜同食。肠胃功能较弱者，患有某些疾病（如胆囊炎、胆石症、高血脂等）的人群慎食，过敏体质者、痛风人群等避免食用。

营养贴士

滋补身体、健脑益智等。

肉蟹蒸蛋

材料：

海蟹 1 只，鸡蛋 3 个，葱花少许，蒸鱼豉油、油各适量

操作步骤：

① 螃蟹洗净，切块，蟹钳略拍，在沸水中烫 3 秒钟捞出，烫螃蟹的水不要倒，将其过滤，降温到摄氏 40 度左右，不烫手待用。

② 鸡蛋打散，过滤掉杂质，将蛋液与烫螃蟹的水按照 1 ：2 的比例搅匀，倒入放螃蟹的深碗中，用保鲜膜密封，放入蒸笼中，蒸约 12 分钟至熟即可。

③ 取小碗倒入蒸鱼豉油和油，微波加热，倒入蛋中，撒上葱花即可。

糯米蒸闸蟹

补中益气、改善消化功能

材料：

糯米 400 克，大闸蟹 1 只，精盐、味精、绍酒、葱花各适量

操作步骤：

❶ 将大闸蟹杀洗干净，用盐水泡 2 分钟，备用。

❷ 糯米淘净，沥干水分，加精盐、味精、绍酒拌匀，同闸蟹一起摆在盘内。

❸ 将装有腌制好的大闸蟹的盘子放入蒸锅蒸 20 分钟取出，撒上葱花即成。

豆腐蒸蟹

滋补身体、增强免疫力

材料：

海蟹 400 克，豆腐 200 克，蚝油 20 克，麻油 7 毫升，白砂糖 10 克，精盐 2 克，味精 1 克，葱末、姜末各适量

操作步骤：

❶ 豆腐切大块，摆放在盘中；海蟹洗净，摆放在豆腐上备用。

❷ 在碗中倒入蚝油、麻油、白砂糖、精盐、味精，加 80 毫升清水调匀。

❸ 油锅中将姜末、葱末爆香，将碗中调好的汁倒入锅中，煮开，然后倒在海蟹上，上锅大火蒸 15 分钟即可。

贝类

营养成分

- **蛋白质：**通常含10%~20%的优质蛋白，且氨基酸组成与人体的相似。
- **维生素：**富含维生素A、维生素B、维生素C、维生素D、维生素E等。
- **矿物质：**富含硒、磷、锌、钾、钙、铁、镁等。

食疗功效

促进骨骼健康：贝类富含的钙和维生素D等有助于骨骼发育和骨骼健康。

增强免疫力：贝类中的蛋白质、维生素、矿物质等，有助于增强人体免疫力。

保护心血管：贝类中含不饱和脂肪酸，如欧米伽3脂肪酸有助于降低血液中胆固醇和甘油三酯的含量，减少心脏病和中风的风险。

如何蒸制更营养美味

1. 选择：选择活的、外壳完整、颜色鲜艳、无破损的新鲜贝类。

2. 清洗：将贝类放入清水中浸泡，让其吐尽沙子，然后用刷子刷洗干净。

3. 蒸制：烧开水，将清洗干净的贝类整齐放入锅中，大火蒸制，时间根据贝类的种类和大小而定，通常为5分钟。

4. 调味与搭配：蒸制前，可在贝类上放上一些配料，如姜片、蒜蓉、葱段等，多采用豉汁蒸或蒜蓉蒸。蒸制后，可淋上蒸鱼豉油、料酒等，也可搭配蘸汁食用。

饮食禁忌

贝类不宜与含有鞣酸的食物（如柿子、山楂等）、富含草酸的食物（如菠菜、芹菜、香菜等）、啤酒等同食；高血脂、高血压、脾胃虚寒者不宜多食。

剁椒蒸鲜贝

补充蛋白质、促进消化

材料：

鲜贝 6 只，花生油 120 毫升，剁椒 50 克，蒜末 20 克，味精、湿淀粉各 5 克，葱花、胡椒粉、蚝油各 3 克，姜末 1 克

操作步骤：

❶ 鲜贝洗净，一面打上 1/4 深的十字花刀。

❷ 锅中放 50 毫升花生油烧至六成热，放蒜末炒香，倒入碗中，然后把剁椒、味精、胡椒粉、蚝油、姜末、湿淀粉放入碗中，一起调成芡汁待用。

❸ 将芡汁淋入鲜贝肉，上笼用旺火蒸 5 分钟，出笼撒上葱花，将剩余的花生油烧至七成热淋上即成。

蒜蓉粉丝蒸蛏子

健脑益智、促进骨骼发育

材料：

蛏子 400 克，蒜、粉丝、青椒、红椒、料酒、豆豉、香油、食盐各适量

操作步骤：

❶ 蒜切末，放入香油，再放入食盐、料酒做成蒜汁；青椒、红椒切末；蛏子处理干净。

❷ 把蛏子壳去掉一半后摆在盘子上，铺上粉丝，撒上青椒末、红椒末、豆豉，再把蒜汁浇在上面，之后放入锅中蒸熟即可。

营养贴士

健脾消食、保护心血管等。

川酱蒸鲜贝

材料：

鲜贝 300 克，青椒、红椒各 20 克，料酒、油、胡椒粉、麻辣酱各适量

操作步骤：

① 撬开鲜贝外壳，去掉腮、内脏、外膜和污物，洗净；青椒、红椒分别洗净，切粒备用。

② 鲜贝拌上料酒、胡椒粉，上锅蒸熟。

③ 锅中倒油加热，放入青椒、红椒爆香，加麻辣酱翻炒，最后浇在鲜贝肉上即可。

粉丝蒸青蛤

滋阴降火、补血护眼

材料：

青蛤 250 克，粉丝 150 克，料酒 100 毫升，红椒半个，姜 3 片，精盐、白糖各 5 克，生抽、豉油各 5 毫升，橄榄油、蒜末各适量

操作步骤：

1. 青蛤清洗干净，浸泡 3 小时，将青蛤打开，去除半片贝，摆放盘中备用；粉丝用温水泡软，均匀地摆放在青蛤上；红椒切碎。
2. 中小火加热橄榄油，爆香姜片，然后加入料酒、生抽、豉油、白糖、精盐，加入红椒、蒜末，撇去姜片，做成调味汁淋在青蛤上，中小火蒸 10 分钟，最后滴上橄榄油即可。

蛏子蒸丝瓜

清热解毒、养阴补虚

材料：

蛏子 200 克，丝瓜 1 根，葱、姜、蒜、香菜、盐、料酒、花生油各适量

操作步骤：

1. 姜切丝；蒜剁成蓉；葱切花；香菜切末。
2. 丝瓜去皮后，切成滚刀块，放入深一点的盆子里，然后把洗干净的蛏子铺在丝瓜上，放上姜丝和蒜蓉，撒上盐，加入少许料酒，最后淋上花生油。
3. 大火把水烧开后，把整盆丝瓜蛏子放入锅内，大火蒸 5~6 分钟即可出锅，撒上少许葱花、香菜末即可。

营养贴士

清热明目、补钙等。

温拌海螺

材料：

海螺500克，红椒、香芹各30克，白醋、料酒各15毫升，花椒油、食盐各5克，姜汁、蒜末、葱花各适量

操作步骤：

1. 海螺洗净，放入蒸锅蒸10分钟，将螺肉取出，去除暗色的内脏部位，切片，放入碗内。
2. 红椒、香芹洗净，切粒，放入碗中。将白醋、姜汁、蒜末、葱花、花椒油、食盐、料酒等拌匀，淋入装有海螺肉的碗中，再拌匀即可。

蒸鲜果蔬，清甜美味

叶菜类

营养成分

- **膳食纤维：**包括可溶性膳食纤维和不可溶性膳食纤维。
- **维生素：**包括维生素C、维生素K、维生素A、维生素B和维生素E等。
- **矿物质：**含有对维持人体生理功能有重要作用的矿物质，如钙、钾等。
- **植物化学物：**如叶绿素、叶黄素等，有抗氧化性、抗炎等重要作用。

食疗功效

促进消化：叶类蔬菜中的膳食纤维有助于消化，预防和缓解便秘，维护肠道微生态平衡。

增强免疫力：叶类蔬菜所含丰富的矿物质、维生素等，能够增强人体免疫力。

补充水分：叶类蔬菜含水分较高，食用后可为身体补水，对皮肤干燥、口干舌燥有一定的缓解作用。

如何蒸制更营养美味

1. 选材与清洗：选择新鲜、无黄叶和无烂叶的叶类蔬菜，充分清洗干净，控干水分。

2. 准备调料：根据个人口味，准备调料，如香油、辣椒油、葱花、蒜末等。

3. 切分或整理：将蔬菜切成适当的大小或长度，如果有些蔬菜较长，可切成几段。有些菜如空心菜，将叶与梗分开，将梗切断。

4. 调味和拌匀：给叶类蔬菜加入适量油、盐或面粉，搅拌均匀。

5. 蒸制：将调好味的叶类蔬菜放入烧开水的蒸锅中，铺平，不要堆叠太厚，蒸制时间根据蔬菜的种类和量的多少而定。

饮食禁忌

叶类蔬菜中的维生素C等营养物质易溶于水且不耐高温，所以不宜长时间烹饪，且尽量避免吃隔夜叶类蔬菜。

腊味蒸娃娃菜

开胃祛寒、防治便秘

材料：

娃娃菜 300 克，腊肉 150 克，葱花、精盐各适量

操作步骤：

1. 腊肉洗净放入沸水中煮 2 分钟，捞起沥干，切成薄片。
2. 娃娃菜洗净，沥干水分，对半切开，再横切成长条，切好后铺在蒸盘上，均匀地撒点精盐。
3. 娃娃菜铺好后，将腊肉片摊在最上面，上笼蒸 15 分钟，撒上葱花即可。

红花娃娃菜

养胃生津、除烦解渴

材料：

娃娃菜 1 棵，藏红花、鸡汤、盐、熟鸡油各适量

操作步骤：

1. 娃娃菜整叶掰下，洗净，沥干水分，装入深盘中。
2. 将鸡汤加盐搅匀，倒入装有娃娃菜的盘中，撒上藏红花，封上保鲜膜。
3. 入蒸笼蒸制 15 分钟取出，揭去保鲜膜，淋上熟鸡油即可。

莴笋叶面疙瘩

补虚、润肠通便

材料：

莴笋叶 250 克，小麦面粉 100 克，盐 4 克，香油 2 毫升，蒜泥 10 克

操作步骤：

❶ 把莴笋叶择洗干净，控净水，切成小段，加适量盐、小麦面粉调拌均匀。

❷ 上屉蒸 15 分钟后打开锅盖，翻拌一下，再蒸 10 分钟。吃的时候拌入蒜泥、香油即可。

如意白菜卷

养阴益胃、润燥补血

材料：

鲜白菜叶 100 克，鸡蛋 2 个，猪肉、水淀粉、葱末、姜末、香油、盐、花椒面、味精各适量

操作步骤：

❶ 将猪肉剁成馅，加盐、花椒面、葱末、姜末、味精、水淀粉、香油搅匀和成馅；白菜叶烫软，捞出投凉，沥干；鸡蛋磕入碗内，加少许水淀粉调成糊。

❷ 将白菜叶铺在案板上，抹上一层鸡蛋糊，再将肉馅抹在白菜叶上，卷成圆柱形，上屉蒸熟取出，晾凉，切成长 5 厘米的卷。

❸ 锅放火上，加适量水、少许盐、味精，水开时用水淀粉勾芡，淋香油，浇在白菜卷上即可。

根茎类

营养成分

- **碳水化合物：** 富含优质碳水化合物，如土豆、红薯等。
- **膳食纤维：** 膳食纤维含量较高，有助于促进肠道蠕动、降低胆固醇。
- **维生素：** 富含多种维生素，如维生素A、维生素C等。
- **矿物质：** 如钾、镁、磷等矿物质。

食疗功效

提供能量与维持生理功能： 根茎类蔬菜中的碳水化合物、蛋白质，可为人体提供能量，维持生理功能。

促进消化和维持肠道健康： 根茎类蔬菜中的膳食纤维丰富，既可以促进肠道蠕动，又可以调节肠道菌群平衡，降低肠道疾病风险。

稳定血糖： 根茎类蔬菜中大量的膳食纤维还可延缓碳化水合物的吸收速度，以免血糖上升过快，有助于维持血糖稳定。

如何蒸制更营养美味

1. 选材： 选择新鲜、无损害、无病虫害的根茎类蔬菜。选择当季的，蒸出来更美味、营养。

2. 处理食材： 根据根茎类蔬菜的特点进行预处理，如南瓜比较大，清洗后需切成大小均匀的块状。有些根茎类蔬菜有特殊气味，可简单调味来改善口感。

3. 蒸制： 根据根茎类蔬菜的种类选择不同的蒸制时间，用筷子轻松插入蔬菜内部，没有明显阻力，说明已蒸熟。

饮食禁忌

红薯与柿子不宜搭配，萝卜与橘子不宜搭配，土豆与香蕉不宜搭配；糖尿病患者少吃含碳水高的根茎类蔬菜。

竹乡芋儿卷

益胃健脾、增强免疫力

材料：

圣女果1个，芋头、糯米粉、精盐、味精、胡椒粉、猪油、竹叶各适量

操作步骤：

1. 竹叶洗净，擦干水分；芋头洗净，去外皮，蒸熟压成泥。
2. 在芋泥中拌入糯米粉，加猪油，用精盐、味精、胡椒粉调味后做成枣状，用竹叶卷起，再用竹签或细绳固定住竹叶的两端。
3. 将芋泥用竹叶卷起来，并放入蒸笼中用猛火蒸熟，取出摆盘，将洗净的圣女果摆在中间。

剁椒蒸芋头

强身健体、保护骨骼

材料：

新鲜的毛芋头500克，剁椒、葱花各适量，香油少许

操作步骤：

1. 芋头冲洗干净，放锅内蒸熟，剥去皮并切块，放入大碗中。
2. 剁椒拌入少量香油，码在切好的芋头上面。
3. 再将码了剁椒的芋头放锅内蒸8分钟左右，取出后撒上葱花，淋少许香油即可食用。

麻香紫薯球

保护肠胃、润肺养肝

材料：

紫薯、糯米粉、牛奶、熟白芝麻各适量

操作步骤：

1. 紫薯洗净，去皮，切片，放入蒸锅内蒸至熟软。
2. 将熟软的紫薯取出后，用勺子碾压成泥。
3. 在紫薯泥中加入适量的糯米粉和牛奶，用手掌将紫薯泥团成小球，逐一裹满熟白芝麻即可食用。

酿藕

补充能量、清热解毒

材料：

鲜藕 2 节，糯米 100 克，白糖、蜂蜜各适量

操作步骤：

1. 将藕洗净，去藕节、皮；糯米淘净，浸泡 20 小时，洗净。
2. 白糖加水熬化，收浓汁后加入蜂蜜做成糖汁。
3. 藕段立放在案板上，把糯米灌入藕的孔内，然后将藕平放入笼内蒸熟，晾凉，用刀横切成 1 厘米厚的藕片，装入盘内，淋上糖汁即可。

粉蒸藕片

滋阴润肺、安神助眠

材料：

藕、糯米粉、盐、白醋、白胡椒粉、芝麻油各适量

操作步骤：

❶ 藕削皮，切成厚度一致的薄片，浸泡在加有少许白醋的清水中。

❷ 藕片沥干水分，加入盐、白胡椒粉、糯米粉拌匀，使藕均匀沾上调料。将藕平铺在盘上，上蒸锅蒸 30 分钟即可。吃时，拌上芝麻油，可增加口感的润滑。

剁椒蒸土豆

健脾和胃、补中益气

材料：

土豆 400 克，剁椒 30 克，香葱 20 克，食盐 3 克，香油 15 毫升，鸡精少许

操作步骤：

❶ 土豆去皮洗净，切成滚刀块，摆放在碗里，撒上剁椒、鸡精、食盐拌匀；香葱只取叶子，切成小圈。

❷ 蒸锅烧开水，放入土豆蒸 20 分钟，至土豆软烂即可关火取出。

❸ 土豆上撒些葱花，香油放入锅中烧热后，淋在葱花和剁椒上即可。

果实类

营养成分

- **膳食纤维：**普遍含有膳食纤维。
- **维生素：**多数富含维生素 C，部分富含维生素 A，还有些含有一定量的维生素 B 等。
- **矿物质：**是钾元素的良好来源，有些果实类蔬菜也含有一定的钙、镁等。

食疗功效

西红柿：被誉为“维生素仓库”，含有多种维生素、番茄红素等，有清热生津、健胃消食等食疗功效。

茄子：富含维生素 E、维生素 P、多种生物碱等，有活血化瘀、利尿消肿、保护血管弹性等食疗功效。

辣椒：含有辣椒素、维生素、矿物质等，有温中散寒、下气消食等食疗功效。

南瓜：含有丰富的胡萝卜素、膳食纤维等，可补血、降血糖等。

如何蒸制更营养美味

1. 选材：优先选择新鲜、质地脆嫩、色泽鲜艳的果实类蔬菜，并清洗干净。

2. 合理切配：去除果实类蔬菜中硬壳、硬皮或不需要的部分，然后根据需要切成均匀的块状或片状。

3. 调味：蒸制前，根据口味，撒入香油、盐、鸡精等调料，增加口感、提升风味。

4. 蒸制：入锅时，摆放要均匀，合理控制蒸制时间，一般在 10~20 分钟。

5. 享用：可直接享用，也可搭配其他食材或蘸料一起享用。

饮食禁忌

黄瓜与花生、南瓜与羊肉、茄子与蟹不宜搭配食用。不要吃未成熟的果实类蔬菜。

糖汁南瓜条

明目养胃、增强抵抗力

材料：

南瓜 300 克，枸杞子 30 克，食用油、白糖各适量

操作步骤：

1. 南瓜洗净，切条；枸杞子洗净备用。
2. 将备用的南瓜和枸杞子上蒸锅蒸 10 分钟后盛出。
3. 起油锅，下白糖，将白糖熬成糖稀，倒在南瓜条和枸杞子上即可。

咸鱼蒸茄子

温补中虚、促进消化

材料：

咸鱼 200 克，茄子 300 克，红椒、青椒各半个，植物油 200 毫升，味精 2 克，葱丝、蒜末各 5 克，姜片 10 克，辣椒油 8 毫升，料酒 15 毫升，精盐 3 克

操作步骤：

1. 将咸鱼浸泡，切成薄片；茄子洗净，切长条；青椒、红椒切丝。
2. 油锅烧热，放入茄子条过油，迅速捞出码放在盘中，上面放咸鱼片，用味精、辣椒油、料酒、蒜末、姜片、少许精盐调味，隔水蒸 10 分钟，出锅后拾出姜片，撒上葱丝、青椒丝和红椒丝即可。

剁椒粉丝蒸茄子

清热活血、美容养颜

材料：

茄子 200 克，粉丝 100 克，香菇 30 克，虾仁 10 克，剁椒、食用油各适量

操作步骤：

1. 将香菇切成小块；将茄子切成 5 厘米长的条；将虾仁切碎；粉丝提前用开水泡好，捞出，切段备用。
2. 锅内烧热少许食用油，将茄子条先煎一下；粉丝铺在盘底，将煎好的茄子排在粉丝上面。
3. 把虾仁和香菇放在茄子上，最后撒上剁椒丁，上锅蒸 10 分钟即可。

蒸茄盒

滋阴润燥、清热凉血

材料：

长茄子 200 克，猪肉末 150 克，姜末、生抽、料酒、白糖、精盐、花椒粉、香菜各适量

操作步骤：

1. 猪肉末中加入料酒、生抽、精盐、白糖、花椒粉、姜末，顺一个方向搅拌上劲儿成馅；最后加入香菜碎稍稍搅拌即可。
2. 茄子切薄片，拿一片在手上，在上面抹层肉馅，再在肉馅上盖一片茄片，制成茄盒。
3. 将茄盒逐个放入蒸锅摆好，大火蒸熟即可食用。

营养贴士

增强食欲、祛寒、增强免疫力等。

红椒酿肉

材料：

泡红鲜椒 500 克，五花肉 300 克，虾 30 克，泡发香菇 15 克，鸡蛋 1 个，蒜瓣 50 克，老抽 20 毫升，淀粉、鲜姜各 20 克，精盐 2 克，香油 3 毫升，味精少许

操作步骤：

1. 猪肉剁成泥；虾、香菇、鲜姜洗净剁碎，加肉泥、鸡蛋、味精、精盐、淀粉调成馅。
2. 泡红椒在蒂部切口去瓤，填入肉馅，用湿淀粉（淀粉加水）封口，炸至八成熟捞出，底朝下码入碗内，撒上蒜瓣，上笼蒸透，滗出原汁翻扣在盘中。原汁加入老抽、香油，勾芡淋在红椒上即可。

干豇豆蒸腊肉

开胃祛寒、补肾消食

材料：

自制腊肉、自制干豆角各适量，盐、胡椒粉、酱油、调味汁、熟玉米油各少许

操作步骤：

❶ 自制干豆角洗净，浸泡 30 分钟，沥干水分后切段，放入碗中，加入盐、酱油、熟玉米油、胡椒粉和调味汁，拌匀。

❷ 用温水洗净腊肉表面油污，放在热水中浸泡 30 分钟左右，切片后摆入装有干豆角的碗中，然后放入高压锅中，开中火，蒸汽冒出后转小火 10 分钟后关火，蒸汽散完后打开锅盖，取出即可。

粉蒸四季豆

消暑化湿、利水消肿

材料：

四季豆 300 克，清鸡汤适量，油 20 毫升，五香蒸肉米粉 120 克，生抽 15 毫升，豆瓣酱、白糖各适量

操作步骤：

❶ 四季豆择去头尾，撕去老筋，洗净切成两段；取小碗，加入五香蒸肉米粉、生抽、豆瓣酱、油、白糖和清鸡汤，调匀，放入大碗，加四季豆一同抓匀，静置 30 分钟待用。

❷ 将四季豆排放于盘中，均匀地淋上粉蒸酱汁，盖上一层保鲜膜。入锅大火隔水清蒸 15 分钟，取出，撕去保鲜膜即可。

菌菇类

营养成分

- **蛋白质：**是植物蛋白的良好来源，不仅含量丰富，而且含有多种人体必需氨基酸。
- **维生素：**富含多种维生素，如维生素B、维生素C和维生素D等，对维持人体健康有多种好处。
- **矿物质：**富含多种矿物质，如磷、硒、铁、钙、钾、镁、铜、锌等。

食疗功效

增强免疫力：菌菇中的多糖类物质，可以刺激免疫细胞的活性，提高身体抵抗力。

抗肿瘤：菌菇中的三萜、多酚、多糖等活性成分，有抗肿瘤作用，对预防癌症、抑制肿瘤细胞增殖等有一定作用。

补充营养元素：例如，菌菇中富含钾元素，这一矿物质在人体内扮演着维持电解质平衡、促进肌肉收缩以及调节血压等关键角色。

如何蒸制更营养美味

1. 选材：挑选新鲜、无异味、无损伤的菌菇，如平菇应该选择表面光滑、菌盖完整、无黄斑的。

2. 恰当处理：清洗干净，适当切分较大的菌菇，如香菇切十字花刀或切片。并搭配一定的辅助食材，如彩椒、鸡蛋、姜、葱、蒜，也可进行腌制，使之入味。

3. 蒸制：入蒸锅时需摆放均匀，避免堆叠，摆放好后，可进行简单调味，大火蒸制。

4. 勾芡收汁：蒸制完成后，可淋上一些调味汁提升风味。

饮食禁忌

菌菇与鹌鹑肉、河蟹不可搭配食用。不要尝试未知菌菇。痛风患者、脾胃虚寒者慎吃，对菌菇过敏者不要吃。

粉蒸金针菇

健脑益智、促进发育

材料：

粉丝150克，金针菇200克，葱段、辣椒圈、盐、鸡精、酱油、香油各适量

操作步骤：

❶ 粉丝先用清水浸泡15分钟；金针菇洗净备用。

❷ 将金针菇铺在盘子的底部，再将泡软的粉丝铺在上面；撒上少许盐、鸡精，淋上适量酱油和香油。

❸ 将盘子放入锅中，加盖大火隔水蒸15分钟，取出后撒上适量葱段和辣椒圈即可。

鸡腿菇蒸肉

增强免疫能力、促消化

材料：

五花肉300克，鸡腿菇100克，红尖椒30克，蚝油、花生油、食盐、姜片、老抽、高汤各适量

操作步骤：

❶ 五花肉洗净，熬煮至七成熟时捞出切成片状；红尖椒切碎；鸡腿菇洗净切块，用沸水焯一下。

❷ 将高汤倒入锅中，加入鸡腿菇、食盐、老抽熬煮片刻后，把鸡腿菇放置盘中，上面整齐摆好肉片，加入食盐、蚝油、老抽拌匀，再撒上红尖椒、姜片，浇上花生油，入笼蒸约15分钟即可。

炖三菇

滋补强身、降压降脂

材料：

泡发口蘑、泡发平菇、泡发草菇各 100 克，西芹粒 5 克，料酒、味精、精盐、白糖、鸡油、高汤各适量

操作步骤：

❶ 将口蘑、平菇、草菇都去杂洗净，焯一下。

❷ 将平菇、口蘑、草菇一同放入炖盅内，加入高汤、精盐、白糖、料酒、味精、鸡油，盖上盅盖，上笼蒸 30 分钟后取出，撒入西芹粒即成。

蒸香菇盒

辅助降压、滋阴润燥

材料：

泡发香菇 300 克，猪肉馅 200 克，火腿末、熟松仁、酱油、葱花、食盐、味精、香油、鸡汤、生粉、植物油各适量

操作步骤：

❶ 将猪肉馅、火腿末、葱花、植物油、酱油、盐、生粉拌成肉馅。

❷ 香菇洗净后放进鸡汤中煮一会儿捞出，挤去多余汤汁，在两片香菇之间夹上肉馅，摆盘蒸 10 分钟左右。

❸ 锅中加鸡汤、盐和味精，再以生粉勾芡，滴香油，倒在香菇上，最后撒上松仁即可。

水果

营养成分

- **维生素**：富含多种维生素，如维生素C、维生素B、维生素A等。
- **矿物质**：是矿物质的良好来源，含有钾、钙、镁、铁、磷、硒、锰等多种矿物质。
- **植物化学物**：如类黄酮、多酚、花青素、萜类化合物等，有抗氧化性、抗炎、抗过敏等多种作用。

食疗功效

梨：清热化痰、生津润燥、增进食欲，可缓解肺热咳嗽、咽干口渴等症状。

苹果：含苹果酸、柠檬酸、鞣酸等，可生津润肺、除烦解暑、开胃醒酒、除湿止泻、滋润皮肤、保护血管等。

木瓜：含有番木瓜碱、木瓜蛋白酶、果胶等，可降压、抗炎、防寄生虫。

如何蒸制更营养美味

1. 选材：新鲜、成熟的水果是蒸制出美味水果的基础。

2. 处理：清洗后，根据水果的种类和大小，进行适当切割或去核。

3. 巧妙搭配与加调料：可让水果与其他食材搭配或给水果增加调料，以提升口感和营养，如梨与川贝、冰糖搭配，口味更清甜，润肺止咳效果也更好。

4. 蒸制：建议先用大火蒸制几分钟，然后转小火继续蒸制。香蕉、木瓜等质地较软的水果，蒸8~12分钟，苹果、梨质地较硬的水果，蒸15~20分钟。

饮食禁忌

牛奶与果酸含量高的水果、海鲜与含鞣酸的水果不宜搭配食用。肠胃功能较弱者少吃生冷的水果，糖尿病患者少吃含糖量高的水果，等等。

营养贴士

滋阴润燥、养颜美容。

木瓜桃胶雪莲

材料：

桃胶 30 克，木瓜 1 个，雪莲 20 克，火龙果 50 克，冰糖 10 克，枸杞子适量

操作步骤：

1. 桃胶用纯净水浸泡 12 小时，去掉桃胶里的杂质；雪莲洗净后切碎；火龙果去皮，切成方块；枸杞子泡发。
2. 桃胶和雪莲放入蒸锅蒸 20~30 分钟。
3. 把木瓜剖开，挖去籽，做成船状容器。将桃胶、雪莲、枸杞子、火龙果盛入木瓜中，加入冰糖，再放入蒸锅蒸 10 分钟即成。

红酒醉雪梨

生津润燥、清热化痰

材料：

雪梨 2 个，冰糖、红葡萄酒各适量

操作步骤：

1. 雪梨洗净，在顶部 1/4 处切开，用小汤勺挖空内核。
2. 将雪梨放入稍大一点的瓷碗中，加冰糖、葡萄酒，尽量没过梨子，上锅蒸 30 分钟入味。
3. 捞出放凉，切块装盘，冷藏一段时间即可。

花蒸肉饼

生津止渴、化痰止咳

材料：

芒果、猪肉各 100 克，豌豆、生姜各 10 克，精盐、味精各 5 克，洋葱、胡椒粉、干生粉各适量

操作步骤：

1. 芒果去皮切丁；猪肉剁成泥；生姜去皮切末；豌豆洗净，焯水后捞出；洋葱切片。
2. 猪肉用碗装上，调入精盐、味精、姜末、胡椒粉、干生粉，打成糊状，倒入碟内成饼形，上面撒上芒果丁、豌豆备用。
3. 蒸锅烧开水，放入肉饼用旺火蒸 8 分钟拿出，周围用洋葱片点缀即成。

营养贴士

补气虚、清热解暑等。

香瓜鸽盅

材料：

处理好的鸽子 1 只，香瓜 1 个，鲜蘑菇、火腿各 50 克，料酒 50 毫升，干贝、虾米、大葱各 25 克，莲子、玉兰片各 30 克，食盐 3 克，鸡精 2 克，胡椒粉 1 克，姜 15 克，鸡汤 750 毫升，豆苗少许

操作步骤：

1. 干贝去老筋，与虾米一起洗净；火腿切菱形片；大葱、姜拍破；莲子、玉兰片分别用水泡发，玉兰片、蘑菇去蒂均切成火腿片一般大小的片，焯水捞出待用；香瓜洗净，切下盖，挖净籽，在香瓜口上雕出鱼齿状花刀，并在上面刻上图案花纹。
2. 鸽肉洗净，放入汤锅中煮一下捞出，洗净血沫，去净骨，切成方块，与干贝、虾米、火腿、食盐、鸡汤、料酒、大葱、姜一起上笼蒸烂取出。
3. 将鸽肉里的大葱、姜去掉，加入玉兰片、蘑菇、莲子和鸡精调好味，装入香瓜内，盖上香瓜盖，再放入盘内，上笼蒸熟后取出，放胡椒粉，点缀上豆苗即可。

第六章

蒸主食、点心，能量满满

主食

营养成分

- **谷类主食：**以大米、小麦、玉米等谷物为原料，富含碳水化合物，是理想的热量来源。
- **薯类主食：**如土豆、红薯、紫薯等，淀粉、膳食纤维含量高，富含维生素A、维生素C等，还含有矿物质等。
- **豆类主食：**如绿豆、黑豆、红豆等，通常与谷物搭配，富含蛋白质、多种维生素和矿物质等营养元素。

食疗功效

米饭：补充能量，补中益气，除烦止渴，对倦怠乏力、脾胃虚弱有一定缓解作用。

馒头：以面粉为主要原料，可补充能量、养心益脾。面粉经过发酵后，部分淀粉被分解为葡萄糖、麦芽糖，更易被人体吸收。

红薯：可补充能量、补益脾胃、生津止渴、养血下乳、通利大便、预防肥胖等。

土豆：土豆被誉为“地下苹果”，可补充能量、补中益气、健脾和胃、宽肠通便等。

如何蒸制更营养美味

1. 米类在蒸制之前需清洗，但不需清洗太多次，以免营养流失。糯米、糙米等食材需要提前浸泡。为增加口感，可适当放些猪油、食用油、盐、糖等。
2. 面食需据面粉的吸水性调整水的用量，使面团柔软适中，且在蒸制前醒发，馒头、花卷等需二次醒发。为避免粘锅，可在蒸笼底部涂抹一层油或使用蒸布。如需要保持形状，需在蒸制前进行适当的整形。
3. 通常用中火或大火，蒸熟后，可适当焖一会儿，使主食更加松软可口。

饮食禁忌

大米不宜加碱。糖尿病患者需严格控制主食摄入量。

黑米馒头

补益脾胃、除烦利湿

材料：

小麦面粉 1000 克，黑米面 60 克，酵母水 4 克

操作步骤：

❶ 将小麦面粉与黑米面以 6 ：1 的比例混合均匀，加入化好的酵母水，揉成面团，静置发酵至 2 倍大。

❷ 将面团揉均匀，分成大小相同的剂子，拌成团状，醒发 15 分钟，上锅蒸 30 分钟即可。

小窝头

润肠通便、清热解毒

材料：

细玉米面、黄豆面各 500 克，白糖、糖桂花、酵母各适量

操作步骤：

❶ 将细玉米面、黄豆面、白糖、糖桂花一起加温水和酵母揉和至面团柔韧有劲，搓成圆条，揪剂。

❷ 取面剂放左手心里，用右手指将表皮揉软，再搓成圆球形状，蘸点凉水，在圆球中间钻一小洞，由小渐大，由浅渐深，并将窝头上端捏成尖形，内壁、外表均光滑时即制成小窝头，上笼用旺火蒸 10 分钟即成。

腊肉香肠蒸饭

强身健体、开胃助食

材料：

大米150克，油菜1棵，橄榄油5毫升，腊肉、广式香肠、生抽、白糖、香油各适量

操作步骤：

❶ 大米洗净，入水浸泡10分钟；油菜洗净，放入开水中焯1分钟捞起；腊肉、香肠切片，放在水里浸泡5分钟，捞出。

❷ 米中放入5毫升橄榄油，在蒸锅中蒸到八分熟的时候取出，摆上腊肉、香肠、油菜，继续蒸熟即可。

牛肉荞麦蒸饺

清热化痰、清理肠道

材料：

荞麦面粉、牛肉、荸荠、熟肥肉、精盐、葱、白糖、酱油、胡椒粉、植物油各适量

操作步骤：

❶ 把荞麦面粉、精盐、100毫升热水、100毫升冷水混合在一起，揉搓成荞麦面团，将面团揪剂，擀成饺子皮。

❷ 荸荠、熟肥肉、葱切小粒；牛肉去筋后剁烂，加入荸荠、葱粒、白糖、酱油、精盐、胡椒粉、植物油，搅拌成胶状，再加入肥肉搅拌均匀，静置约30分钟，制成肉馅。

❸ 饺子皮中包入肉馅，捏成水饺，放在抹过植物油的蒸笼中，用大火蒸8分钟，熟透即可。

素包子

健胃养脾、促进消化

材料：

面粉 300 克，卷心菜半个，香菇 10 朵，胡萝卜 50 克，黑木耳 10 克，魔芋丝 1 包，鸡蛋 2 个，精盐、姜末、鸡精、香油、白胡椒粉、植物油、枸杞子各适量

操作步骤：

❶ 面粉揉成面团醒好；卷心菜、胡萝卜、香菇、黑木耳切碎，魔芋丝稍微切一下，鸡蛋多放油炒散，一起混匀成馅，并放入香油、姜末、精盐、鸡精、白胡椒粉、植物油调味。

❷ 将发好的面揉均匀，分成小剂子，包入馅料，把枸杞子放在包好的包子上，放入蒸锅醒 15 分钟左右，冷水上屉蒸，蒸好稍焖一会儿再开盖取出。

春饼

补充能量、健脾益肾

材料：

面粉 300 克，植物油适量

操作步骤：

❶ 面粉加水和成光滑的面团，盖上保鲜膜静置 30 分钟，将面团揉成长条，切成小剂按扁，每一面刷涂一层油，两张摞在一起，擀薄擀大。

❷ 将 10 张饼一起放入蒸锅大火蒸 10 分钟，稍晾凉后一层层揭开即可。

点心

营养成分

- **碳水化合物：** 许多点心以谷物粉为主要原料，富含淀粉，可为人提供能量。
- **蛋白质：** 点心中的蛋白质来源于谷物粉、肉馅、豆类馅、蛋、奶等。
- **膳食纤维：** 有些点心以全谷物粉或大量蔬果为原料，因此含较多膳食纤维。

食疗功效

南瓜红枣糯米糕： 富含碳水化合物、可溶性纤维素、铁元素和维生素 C 等，可补充能量、补中益气、补血养颜。

西米绿豆糕： 西米富含碳水化合物等；绿豆性甘、凉，富含蛋白质、维生素 E、矿物质等。此糕可提供能量、清热解毒。

奶香葡萄发糕： 富含碳水化合物、蛋白质、花青素、维生素 C 等，可补充能量、补血益气。

蒸点心注意事项

1. 蒸具选择： 要用耐高温、密封性好的蒸具，如果需要蒸的点心较多，可选择多层蒸锅。

2. 摆放合理： 将点心放入蒸锅时，需注意摆放间距，点心与点心之间留够空隙，以免粘连。

3. 时间与火候： 蒸点心需待水滚后再入锅蒸，最好先用大火，再用文火。蒸制过程中不要随意打开盖子，以免蒸汽流失造成点心不熟或塌陷。

4. 焖制片刻后及时取出： 蒸熟后，不要着急出锅，可让点心在蒸锅里稍焖一会儿，以免温度骤变导致点心塌陷。待焖制完成后，就及时取出，以免蒸汽影响点心的外观和口感。

饮食禁忌

蒸制点心少与高糖类食物大量搭配。糖尿病患者不宜吃精细面粉制作的点心，痛风患者要谨慎食用酵母发酵的点心。

山药扁豆糕

益气养阴、补脾肺肾

材料：

新鲜山药500克，白扁豆、荸荠粉各100克，糯米粉150克，白糖300克，红枣若干，色拉油少许

操作步骤：

❶ 山药洗净上笼蒸熟，取出去皮，研成泥状待用；白扁豆洗净放入碗中，加水蒸熟，取出研末待用。

❷ 糯米粉、荸荠粉加入适量的白砂糖调匀，再和山药泥、扁豆末一起倒入刷过油的盘内，表面放上适量的红枣，用旺火蒸30分钟取出，待稍冷后切成菱形状即成。

南瓜饼

美容养颜、增强免疫力

材料：

南瓜100克，糯米粉250克，玉米淀粉60克，白糖、豆沙各适量

操作步骤：

❶ 南瓜洗净切片，上锅蒸熟，压成泥；南瓜皮剪成细条。

❷ 南瓜泥中慢慢加入糯米粉和淀粉，加白糖搅拌，然后揉成面团，分成小剂子，压成圆形，包入豆沙，搓成圆球，用手压住，压出八道印子，中间放上南瓜皮做柄。

❸ 把做好的小南瓜放上锅蒸，大火蒸熟，南瓜变色熟透即可，取出摆盘。

红豆糕

清热解毒、补中益气

材料：

糯米粉 120 克，红豆沙 150 克，澄粉 50 克，玉米油、白糖各适量

操作步骤：

❶ 糯米粉和白糖混合，倒入清水揉匀；将开水冲到澄粉上烫熟，然后揉到糯米团中，加入玉米油，将面团揉至顺滑。

❷ 将红豆沙和糯米团充分地揉到一起，注意不要有豆沙颗粒。

❸ 用模具压出造型，摆放在刷了薄薄一层玉米油的盘子上，冷水上锅蒸 15 分钟即可。

玛瑙团

补中益气、美容养颜

材料：

糯米 450 克，大米 50 克，豆沙馅 450 克，红蜜樱桃 400 克

操作步骤：

❶ 将糯米、大米淘洗干净，浸泡 24 小时，洗净，加适量水磨成稀浆。

❷ 将稀浆装入布袋内，吊干成为吊浆粉取出，加入 150 毫升凉水和匀，用手搓成条，摘成 60 个剂子。

❸ 豆沙馅分成 60 个圆球，包入 60 个剂子内，入笼蒸熟，取出裹上红蜜樱桃，即成玛瑙团，装入盘内即可。

特色蒸菜，功效多样养身体

地方特色

饮食原则

在我国饮食文化中，不同地域由于其独特的地理和气候条件，发展出了各具特色的蒸菜，如江西粉蒸肉、四川自贡粉蒸菜、湖南浏阳蒸菜等。虽然在家也可自己尝试做地方特色蒸菜，但要做得原汁原味，还需遵循一些原则：1. 选材。要选择当地特有的食材、配料或调味品。2. 遵循当地的烹饪习惯。如蒸具的选择、食材的加工等。

清蒸湘西腊肉

滋阴润燥、健脾开胃

材料：

湘西五花腊肉 500 克，料酒 15 毫升，白糖 10 克，鸡粉 8 克，清鸡汤少许

操作步骤：

❶ 湘西五花腊肉清洗干净，放入锅内加水煮熟，捞出沥干，切成片，摆入盘中，所有配料调成汁，浇到腊肉片上。

❷ 蒸锅中烧开水，放入腊肉大火蒸 10 分钟，再转小火蒸 20 分钟左右，取出即可。

四川叶儿粑

补中益气、固表止汗

材料：

糯米粉、猪肉粒、叶儿粑叶子、碎米芽菜、植物油各适量

操作步骤：

❶ 锅中倒油烧至五成热，放入猪肉粒煸炒至断生，放入碎米芽菜炒匀后装在碗里待用。

❷ 叶儿粑叶子洗净；糯米粉里加水揉成团，取适量面团在手里捏成碗状，放进适量馅料，将周边往里收拢，用双手搓成长筒形后用叶儿粑叶子裹上。

❸ 全部做完后上沸水蒸锅中，用中火蒸 30 分钟，取出即可。

广式腊肠卷

增进食欲、强筋壮骨

材料：

面粉 250 克，腊肠 150 克，泡打粉 4 克，酵母 2 克，白糖 20 克，猪油 25 克，牛奶 50 毫升

操作步骤：

❶ 面粉加入配料和成面团，醒 10 分钟后再揉好，揪成 45 克左右的剂子，搓长条，长度要为腊肠的 3 倍左右。

❷ 面条缠绕在腊肠上，两头留空，卷好，放入水开后的蒸锅中，蒸 10 分钟即可出锅，晾凉后即可食用。

湘味蒸腊鸭

补阴益血、清虚热

材料：

腊鸭半只，蒜末、辣椒酱各 15 克，茶油、鸡精、香菜各适量

操作步骤：

1 腊鸭斩块，过茶油爆香，使鸭皮收紧，炸好捞出。

2 锅中留余油，下蒜末、辣椒酱，小火煸香，加少许水调成汁淋到腊鸭上。

3 将腊鸭放入高压锅中，隔水大火蒸 30 分钟出锅，撒少许鸡精拌匀，点缀香菜即可。

湘辣豆腐

补血养颜、生津润燥

材料：

豆腐 1 块，红辣椒 3 个，干红辣椒、蒜末、葱花、酱油、食用油、食盐、味精各适量

操作步骤：

1 豆腐切块，放入油锅内炸至外表金黄，捞出控油，锅内留适量油备用；红辣椒、干红辣椒切段。

2 锅内放入红辣椒段、干红辣椒段、蒜末、酱油滑炒一下，放入适量水，再放入食盐、味精调味。

3 将炒制好的辣椒汁浇在豆腐上，放入蒸锅，蒸熟后撒上葱花即可。

营养贴士

补虚强身、滋阴润燥。

山东蒸丸子

材料：

肥瘦肉（肥瘦比例为 4 ∶ 6）、白菜、海米、鸡蛋清、鹿角菜、葱、盐、味精、胡椒粉、料酒、香油、淀粉各适量，香菜段少许

操作步骤：

① 白菜、海米、鹿角菜、葱切成末，肥瘦肉剁成馅后放入器皿中，依次加入葱末、鹿角菜末、白菜末、海米末、香菜末、料酒、盐、胡椒粉、淀粉、蛋清，顺一个方向搅打上劲儿，用手抓一把丸子馅，从虎口处挤出丸子。

② 待蒸锅上汽后将丸子放入锅中蒸 5 分钟左右；炒锅中加适量水，加盐、味精、胡椒粉、料酒煮沸；蒸好的丸子放入碗中，加香菜段，浇入汤并淋香油即可。

东北菜团子

降低血脂、促进排便

材料：

面粉 200 克，玉米面 100 克，酵母粉 5 克，东北酸菜 1 袋，精盐、葱末、鸡精、香油、姜粉、五香粉、猪油渣各适量

操作步骤：

1. 玉米面和面粉掺和后，加酵母粉和水揉成光滑的面团，醒发至 2 倍大。
2. 酸菜洗净后切成碎末，放入猪油渣、葱末、精盐、鸡精、香油等调料拌匀制成菜馅，将包好的菜团子放入笼屉，冷水上锅，蒸熟即可。

竹筒浏阳豆豉鸡

温中补脾、补肾益精

材料：

仔鸡 1 只，竹筒 1 个，色拉油 50 毫升，盐、味精各 4 克，胡椒粉 2 克，香油 2 毫升，料酒 10 毫升，浏阳豆豉 10 克，郫县豆瓣酱 3 克，姜片、蒜片各 3 克，干辣椒 10 克

操作步骤：

1. 锅中放色拉油烧至六成热，放入豆豉、豆瓣酱、姜片、蒜片、干辣椒段大火煸香，加入处理好的仔鸡块以中火炒出香。
2. 放入盐、味精、胡椒粉、料酒中火翻炒，炒均匀后放入竹筒中，盖上竹筒，入蒸笼，旺火蒸 30 分钟，取出淋上香油即可。

春季养生

饮食原则

“春养肝”，春季养生，以养肝为先，适当多吃些甜味食物，少吃味道酸的食物，以免肝火更旺。且早春时节，天气还冷，需吃些能驱寒的食物，如高热量、高蛋白质的食物；春天还需少吃生冷的食物，以免伤及脾胃；春天由寒转暖，应多吃些含维生素、矿物质等营养元素的食物，增强抵抗力。

养生食材

高热量食物，如谷物、黄豆、芝麻、花生、核桃等；富含蛋白质的食物，如牛肉、鸡肉、鸡蛋、鱼类、虾、豆类及豆制品等；新鲜的蔬菜水果，如油菜、芦笋、香菇、韭菜、青椒、菜花、菠菜等；温和、清淡、补气的食物，如山药等；养肝的食物，如动物肝脏等。

青椒蒸香菌

提高免疫力

材料：

鲜香菌 200 克，青尖椒、红尖椒各 50 克，鸡油 20 毫升，盐适量

操作步骤：

❶ 青尖椒、红尖椒斜刀切片；香菌撕片，放鸡油，放适量盐，拌匀。

❷ 蒸锅里放水烧沸后，将青尖椒、红尖椒和香菌上笼大火蒸约 20 分钟即可。

榨菜蒸鲈鱼

补肝肾、健脾补气

材料：

鲈鱼 500 克，香油、榨菜、蒜汁、姜汁、精盐、酱油各适量

操作步骤：

1. 鲈鱼宰杀后清洗干净，剔骨切成段；榨菜切丝。
2. 在鱼肉上撒蒜汁、姜汁，精盐和酱油混合后，浇在鱼肉上，腌 1 小时左右。
3. 榨菜丝放到鲈鱼上，将鲈鱼放到蒸锅中蒸 10 分钟，熄火后再焖 5 分钟。出锅后淋上香油即成。

香菇蒸鸡翅

美容养颜、补充维生素

材料：

鸡翅 500 克，香菇 75 克，黄酒 50 毫升，味精 2 克，精盐 5 克，胡椒粉 1 克，鸡汤 100 毫升，葱、姜、香菜各适量

操作步骤：

1. 鸡翅洗净，放入沸水锅内煮熟后捞出，去掉翅尖，剁成两段，去骨，放入锅内；香菇洗净，放入蒸锅中；葱切段；姜切丝。
2. 锅内加入鸡汤，放入精盐、味精、黄酒、葱、姜调味。
3. 用浸湿的纸将锅口封严，蒸 2 小时，揭开纸，去掉葱、姜，撒上胡椒粉、点缀香菜即可。

营养贴士

补充维生素和蛋白质。

柴把鱼

材料：

鲜鱼肉 200 克，泡发香菇 75 克，冬笋、水淀粉、猪油各 50 克，鲜姜 5 克，熟火腿 25 克，料酒、鸡油各 25 毫升，胡椒粉、青蒜叶、精盐、味精、鸡汤、葱姜汁各适量

操作步骤：

1. 鱼肉切粗丝，加料酒、葱姜汁、精盐、味精腌入味；香菇、冬笋、火腿、鲜姜均切细丝。
2. 用青蒜叶将姜丝、火腿丝、香菇丝、鱼丝、冬笋丝捆绑在一起，用刀将两头切齐，码入碗中，加鸡汤、精盐、味精、葱姜汁、猪油、料酒、鸡油、胡椒粉上笼屉蒸熟。
3. 蒸鱼的原料滤净，倒入锅中烧开，用水淀粉勾芡，在鱼肉上淋明油。

剁椒银鱼蒸蛋

补益脾胃、补蛋白质

材料：

鸡蛋 4 个，红椒 1 个，银鱼、香菜、植物油、盐、胡椒粉、麻油、海鲜酱油、蚝油、鱼露、糖各适量

操作步骤：

1 银鱼用盐和胡椒粉腌上；红椒、香菜切碎。

2 鸡蛋打到碗里，搅匀，放盐、植物油和腌好的银鱼，加适量温开水，继续用筷子搅匀，上锅蒸至蛋液凝固。

3 小火，热锅下植物油与麻油，爆香红椒、香菜碎，加入海鲜酱油、蚝油、鱼露、糖，关火。

4 将做好的剁椒汁淋在蛋羹上即可。

清蒸茶树菇

保护肝脏、增强免疫力

材料：

茶树菇 400 克，姜、盐适量

操作步骤：

1 将茶树菇去蒂，仔细清洗干净。如果茶树菇茎部较粗，可以将其分劈成适口大小，以便更好地入味和蒸熟。

2 在茶树菇上均匀地撒上姜丝，再撒上少许盐。

3 在蒸锅中加入适量的水，大火烧开后，将装有茶树菇的盘子放入蒸锅中，隔水蒸制 5 分钟左右即可。

夏季养生

饮食原则

“夏养心”，夏季里，人的气血运行旺盛，饮食需注意养心神、清心除烦、健脾胃。夏季里气温高，人出汗多，所以需注意祛热消暑、祛湿，宜吃清淡、易消化、益阴生津的食物；少吃凉食，少吃黏硬不易消化、油腻的食物。

养生食材

常吃些富含钾的新鲜蔬菜和水果；可吃些苦味食物，如苦瓜、苦菊等；宜吃扁豆、绿豆、冬瓜、丝瓜、黄瓜、黑木耳、莲藕、鸭肉、西红柿、豆腐、鲫鱼、鳕鱼等。

蒸拌扁豆

健脾和中、消暑化湿

材料：

扁豆 200 克，醋、生抽各 5 毫升，糖 3 克，精盐、香油、辣椒油各适量

操作步骤：

1. 将扁豆洗净去筋；锅中加适量水，水开后将扁豆放入笼屉蒸 2 分钟后，捞出过凉。
2. 扁豆控干水分，放入碗中，加入辣椒油、生抽、香油、醋、糖、精盐拌匀即可食用。

蒜蓉蒸丝瓜

清热化湿、解毒美容

材料：

丝瓜 400 克，植物油、葱、蒜、蒸鱼豉油、食盐各适量

操作步骤：

❶ 丝瓜去外皮，洗净，切长条；蒜切蓉；葱切花。

❷ 丝瓜摆入盘中，加食盐调味，撒上蒜蓉，取一蒸锅坐火加水，水开后将丝瓜放入蒸锅大火蒸 3 分钟出锅。

❸ 蒸鱼豉油淋在蒸好的丝瓜上，撒上葱花；取一炒锅坐火烧热，加入植物油烧至八成热，淋在蒜蓉上即可。

茶香鲫鱼

清热化湿、补虚消渴

材料：

鲫鱼 1 条，食盐、生抽各适量，绿茶 3 克

操作步骤：

❶ 鲫鱼处理干净，并在两边鱼背上划上几刀。

❷ 将绿茶洗净，放入开水中泡香，然后控干水分，一部分铺在盘子底部，另一部分均匀放入鱼肚中，再放入适量食盐，然后上屉蒸熟即可。

❸ 最后剔除茶叶，淋入生抽即可。

荷香一品鸭

利水消肿、清热化湿

材料：

鸭肉 500 克，梅干菜 50 克，葱、姜、盐各 5 克，料酒、酱油、香油各 10 毫升，味精 2 克，胡椒粉 3 克，植物油、鲜汤、香菜各适量

操作步骤：

1. 梅干菜切段，放清水锅中略煮后捞出，洗净；鸭肉切块；生姜切片；葱切段。
2. 锅内烧热植物油，下葱、姜爆香，放入鸭块，烹入料酒，加入酱油、梅干菜翻炒，加适量鲜汤，用盐、味精、胡椒粉调味，大火烧开后改小火烧 15 分钟盛出。
3. 将鸭块包在荷叶中，放入蒸笼蒸 3~5 分钟，取出，挑出姜、葱，装盘，加上香菜装饰即可上桌。

豆腐穿黄瓜

清热润燥、生津止渴

材料：

豆腐 200 克，黄瓜 2 根，精盐、胡椒粉、香油各适量

操作步骤：

1. 黄瓜洗净，切大段，把中间的瓤挖空。
2. 取豆腐捣成泥，加入精盐和胡椒粉调味，填入挖好的黄瓜内，用手轻轻压紧。
3. 将豆腐黄瓜放入蒸锅，用中火蒸至豆腐成熟，滴上香油即可。

蒜泥浇茄子

清热消肿、解暑解毒

材料：

茄子 750 克，大蒜 1 头，酱油、香油、盐、味精各适量

操作步骤：

❶ 将茄子洗净削皮，切成块，放入蒸锅蒸大约 15 分钟，放盘中晾凉待用。

❷ 大蒜剥皮，剁成蓉，放入碗中，加入酱油、香油、盐、味精拌匀做成汁。

❸ 将做好的调味汁倒在茄子上即可。

扒糕

消暑开胃、清理肠道

材料：

荞麦面 250 克，腌胡萝卜丝 20 克，盐、酱油、醋、芝麻酱、芥末酱、辣椒油、蒜汁各适量

操作步骤：

❶ 往荞麦面里放少许盐拌匀，用热水和成软面团，放入盘或碗里按平，罩上保鲜膜上笼蒸 20 分钟。

❷ 面团蒸熟后取出晾凉，然后用刀切成条码入盘中，再放入腌胡萝卜丝。

❸ 浇上用芝麻酱、芥末酱、酱油和醋混合的酱料，再浇上辣椒油、蒜汁拌匀即可。

秋季养生

饮食原则

秋天气温逐渐降低，空气干燥，易损耗津液，所以秋天饮食养生应以滋阴润肺为主，防秋燥。另外，秋天易出现悲伤忧郁、多愁善感等低落的情绪，所以秋季养生也需调节情志。饮食宜清淡一些，多补水，少吃生冷瓜果，忌吃性过燥的食物。“少辛多酸”，少吃辛辣味食物，适当吃一些酸味食物，增强肝脏功能，防止肺气太盛。

养生食材

秋季是多种水果的丰收季节，如苹果、梨、柿子、石榴、橙子等。这些水果富含维生素和矿物质，有助于增强免疫力、改善肠胃功能，并缓解秋季易出现的干燥症状。

根茎类蔬菜如红萝卜、山药、洋葱、土豆，以及叶类蔬菜如菠菜、莲藕、胡萝卜等，都适合秋季食用。它们含有丰富的维生素和矿物质，有助于清热生津、保持身体健康。

桂花蒸南瓜

温肺化饮、清热补血

材料：

南瓜、糯米饭、白糖、糖桂花各适量

操作步骤：

1. 南瓜洗净，去皮切小块，放入碗中。
2. 在南瓜块上面放适量糯米饭，撒白糖，放点糖桂花，蒸10~15分钟即可。

粉蒸泥鳅

祛风利湿、补中益气

材料：

泥鳅 300 克，红薯 200 克，大米粉 150 克，醪糟汁 30 克，豆瓣酱 25 克，料酒 15 毫升，姜末、蒜末各 10 克，精盐、红糖各 5 克，鸡精 3 克，植物油、红辣椒末、香菜各适量

操作步骤：

① 红薯洗净去皮，切条；香菜洗净切段；泥鳅去头、去内脏，洗净入盘，加大米粉、姜末、蒜末、精盐、鸡精、豆瓣酱、红糖、红辣椒末、醪糟汁、料酒拌匀。

② 将拌好的泥鳅放入蒸碗内，上面摆好红薯，上笼蒸至红薯软、泥鳅熟透，出笼翻扣于盘中。浇上热油，撒上香菜即可。

蜜汁吉祥三宝

生津润燥、补气血

材料：

大枣、莲子各 100 克，干百合 50 克，油、白糖各适量

操作步骤：

① 干百合提前泡发好；大枣、莲子放入水里泡软，再和泡发好的百合一起放入碗里入锅蒸 15 分钟。

② 锅里放入油烧热，放入白糖及少量的水拌匀，用勺子搅拌熬至黏稠，浇在蒸熟的大枣、莲子、百合上面即可。

营养贴士

滋阴润肺、生津止咳、补气和血。

双耳蒸花椒鸡

材料：

鸡腿肉 500 克，银耳、木耳各 100 克，红尖椒末 50 克，青花椒 20 克，食盐、味精、白糖、胡椒粉各 5 克，料酒、香油、蚝油各 10 毫升，香葱粒、植物油各适量

操作步骤：

1 把鸡腿肉切块之后，加入食盐、蚝油、白糖、胡椒粉、香油、料酒腌渍 15 分钟；银耳、木耳撕成小朵，铺在盘底，上面放上鸡肉，再摆上青花椒。

2 锅内热少许油，下红尖椒末炒出香味后加少许料酒，再加入少量水，用盐、味精、糖调味，煮沸后浇在装盘的鸡块上，大火蒸 10 分钟，出锅撒上香葱粒即可。

桂花糖藕

清热生津、补中益气

材料：

莲藕 600 克，糯米、白糖各 250 克，桂花 50 克

操作步骤：

1. 莲藕洗净，擦干，较大一端往内切下 3 厘米长的段，留作帽盖。
2. 将糯米塞入大块莲藕孔内，塞九分满，将莲藕帽盖盖上，用牙签戳牢，上蒸笼蒸透（约 2 小时）。
3. 取出莲藕，泡水刮皮，去掉帽盖，分切为 0.5 厘米厚片状，放入大碗中，加入桂花和白糖。
4. 用玻璃纸封住碗口，上蒸笼用小火蒸约 90 分钟，取出，倒扣入盘中即可。

银干花腩蒸莲藕

清热生津、润肺润燥

材料：

莲藕 1 节，生姜 1 块，银鱼干 20 克，花腩肉、花生油、盐、料酒、葱花各适量

操作步骤：

1. 花腩肉切成片，用盐和料酒腌渍一段时间；莲藕洗净去皮，切成薄片，铺在盘上，撒一点盐，上面放上花腩肉，再放上银鱼干。
2. 生姜切成丝，和葱花一起撒在银鱼干上，再淋点花生油在上面，水开后上锅蒸 10 分钟左右即可。

冬季养生

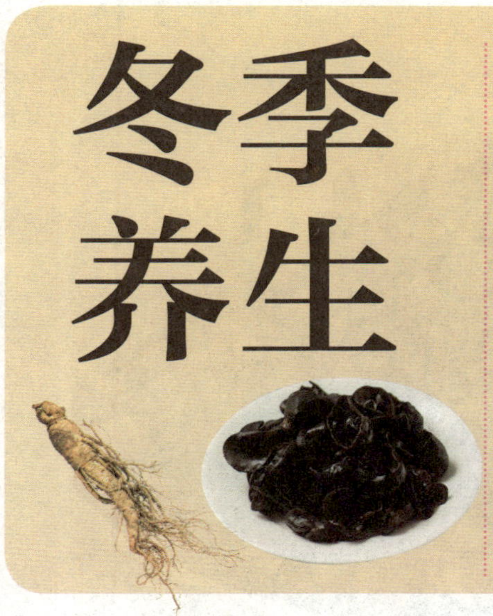

饮食原则

冬天天气寒冷、干燥，寒邪易伤肾阳，饮食养生应以护肾、补肾为主，同时需“滋阴潜阳”，即补充热量，增强体质，提高防寒能力。此外，还需注意适当摄入一些富含碳水化合物、优质蛋白和脂肪的食物，并补充维生素、矿物质等营养元素。忌黏硬、生冷食物。

养生食材

黑色食物，如黑木耳、乌鸡、黑芝麻等；富含优质蛋白的食物，如鸡蛋、豆类、瘦肉、鱼类等；富含碳水化合物的食物，如米面、栗子等；各种蔬菜，如白萝卜、油菜等；适当吃些性温热的食物，如羊肉、韭菜等。

雪花蒸板栗

养胃健脾、补肾强筋

材料：

素腰花 200 克，板栗 150 克，油菜 2 棵，红椒丝、葱白丝各少许，精盐、味精、水淀粉、清汤各适量

操作步骤：

① 将素腰花与板栗焯水，放入盘中，加少许精盐、味精调味，油菜点缀，上面放葱白丝与红椒丝，放入蒸锅蒸 6 分钟取出。

② 锅入清汤，放入精盐、味精，烧开。用水淀粉勾薄芡，淋在蒸好的素腰花与板栗上即成。

营养贴士

强健筋骨、补中益气。

粉蒸牛肉

材料：

瘦牛肉 370 克，大米 75 克，植物油 50 毫升，豆瓣酱 30 克，酱油 30 毫升，花椒粉、胡椒粉各 3 克，辣椒粉 2 克，葱、姜各 8 克，料酒 13 克，四川豆豉 5 克，香菜少许

操作步骤：

1 大米炒黄，磨成粗粉；葱切花；豆豉剁细，姜捣烂，加料酒制成姜水豆豉；香菜洗净切碎。

2 牛肉切成薄片，用油、酱油、姜水豆豉、豆瓣酱、胡椒粉、辣椒粉、大米粉等拌匀，放入碗中上屉蒸熟；取出后撒上葱花和香菜。另用小碟盛花椒粉、胡椒粉上桌。

剁椒腐竹蒸带鱼

益气血、强健骨骼

材料：

带鱼 200 克，腐竹 50 克，剁椒酱 20 克，料酒 2 毫升，姜丝 2 克，盐适量

操作步骤：

❶ 带鱼洗净切段，加料酒、姜丝、盐，腌 60 分钟；腐竹洗净，用温水泡发 20 分钟，切段。

❷ 将腐竹码在盘底，上面放入剁椒酱，然后把带鱼排在上面，并在带鱼上面抹剁椒酱，入蒸锅，蒸 10 分钟即可出锅。

美式蛋卷

补充营养、健脾化滞

材料：

鸡蛋 3 个，胡萝卜、火腿各 100 克，洋葱、青彩椒、红彩椒、黄彩椒各 30 克，黄油适量，食盐 5 克，鸡精 3 克，黑胡椒粉少许

操作步骤：

❶ 鸡蛋磕入碗中，加入食盐、鸡精打散，放入方形不粘锅中煎成两张蛋皮，晾凉备用；胡萝卜、洋葱、彩椒分别洗净，切丁；火腿切丁。

❷ 黄油入锅化开，依次倒入洋葱、胡萝卜，翻炒至八成熟时放入彩椒、火腿、食盐、黑胡椒粉，翻炒均匀，放入摊开的鸡蛋饼上，卷好，放入盘内，放入蒸锅中蒸 5 分钟，取出晾凉即可。

鲜蘑蒸鸡

提高免疫力、补肾益精

材料：

鸡1只（约1000克），鲜蘑50克，绍酒5毫升，糖3克，黄花菜、水淀粉、葱段、姜块、精盐、油各适量

操作步骤：

❶ 鸡处理后洗净，剁成块，用精盐、糖和绍酒腌一段时间，加入水淀粉和少许油拌匀，盛入碗中。

❷ 鲜蘑洗净，切成厚片，放在鸡块上，铺上葱段、姜块，放上黄花菜，入蒸锅旺火蒸30分钟即可。

枸杞蒸白鳝

滋补强壮、明目

材料：

白鳝1条，枸杞子20克，精盐4克，葱花15克，料酒15毫升，味精3克，酱油10毫升，姜末10克，香菜、熟黑豆、青椒丁、榨菜丁、清汤各适量

操作步骤：

❶ 将白鳝处理干净，切成蓑衣状，加入精盐、味精、料酒、酱油、姜末腌渍1小时；枸杞子、熟黑豆洗净。

❷ 将白鳝头放中央，腹部向下，蜷起来放在蒸盘内，撒入榨菜丁和青椒丁，将枸杞子、黑豆放在白鳝蓑衣状刀口处，加清汤，用大火蒸15分钟，撒入葱花，放上香菜点缀即成。

养生药膳

饮食原则

辨证施膳：需根据食用者的体质、病症，选择相应的药材、食材进行搭配。

三因制宜：需因时、因地、因人，来调整药膳配方。

配伍合理：药材与食材的搭配要符合中医的配伍原则，使药材、食材性味调和，相互协同，避免过于偏颇。

注意事项

食材与药材的特性要适配。如质地较硬、不易熟的药材和食材，与质地较软、易熟的药材和食材搭配，需将前者切成适当大小，使之与后者同时熟透，药效相互融合。

黄芪蒸乳鸽

补肾益气、养血清热

材料：

乳鸽1只，黄芪30克，黄酒30毫升，姜片15克，干香菇10克，食盐3克，枸杞子少许

操作步骤：

❶ 黄芪、枸杞子放入砂锅中，加400毫升水煮15分钟，关火；香菇泡发，洗净后切小块；鸽子洗净，切成小块，装入碗内，放入黄酒、食盐、姜片，拌匀。

❷ 将煮好的汤汁浇到鸽肉中，蒸锅中的水开后，放入蒸25分钟，取出即可。

黄精蒸蛋鸡

益气养血、补脾强身

材料：

母鸡 1000 克，山药（干）50 克，黄精、党参各 30 克，姜片、葱段各 10 克，花椒 3 克，盐、味精各 2 克

操作步骤：

❶ 将鸡宰杀，处理干净，剁成 1 寸大的块，放入沸水锅中烫 3 分钟捞出，洗净血水沫。

❷ 将鸡块装入汽锅内，加入葱段、姜片、盐、花椒、味精，再加入黄精、党参、山药，盖好锅盖，上笼蒸 3 小时即成。

潇湘五元龟

滋阴补血、健脾补虚

材料：

净龟肉、清汤、桂圆、荔枝、红枣、莲子、枸杞子、色拉油、精盐、味精、料酒、酱油、胡椒粉、冰糖、姜片、葱段各适量

操作步骤：

❶ 龟肉初加工后斩成块，焯水，沥出洗净。

❷ 锅中放少许色拉油，放入姜、葱炒香，放入龟肉煸干水分，烹料酒、酱油，加清汤和冰糖上笼蒸熟，约七成烂时取出，拣去姜、葱等料，放入桂圆、荔枝、红枣、莲子，加精盐、味精调味，上笼蒸至龟肉软烂入味，取出，撒胡椒粉、枸杞子即可。

虫草炖鹌鹑

补肾益肺、强筋健骨

材料：

鹌鹑 1 只，冬虫夏草 1 克，生姜、葱白各 10 克，胡椒粉 2 克，精盐 5 克，鸡汤 300 毫升，白酒、枸杞子、泡发香菇各适量

操作步骤：

❶ 冬虫夏草去灰屑，洗净，用白酒浸泡；鹌鹑处理干净，放沸水中略焯 1 分钟，捞出晾凉；葱切断，姜切片，泡发香菇去蒂洗净，均放入盅中。

❷ 将虫草放入鹌鹑的腹内，用线缠紧鹌鹑后放入盅内，鸡汤用精盐和胡椒粉调好味，灌入盅内，放入枸杞子，用湿绵纸封口，上笼蒸 40 分钟即可。

首乌蒸蛋

补充营养、养发

材料：

鸡蛋 100 克，何首乌 15 克，鸡肉 90 克，料酒 10 毫升，精盐 2 克，姜 3 克，味精 1 克，葱花少许

操作步骤：

❶ 何首乌切丝装入纱布袋，封口；鸡肉剁成糜；姜切成细末；鸡蛋放入碗内打匀。

❷ 何首乌加清水 500 毫升，文火煮 1 小时，弃药留汁，鸡肉、姜末与何首乌汁一起倒入蛋液中，加精盐、料酒、味精搅匀，上笼蒸熟，撒葱花即可。

营养贴士

补脾暖胃、养心安神、益肾。

血糯米蒸干果

材料：

血糯米 150 克，莲子 30 颗，花生仁 30 颗，红枣 15 颗，冰糖适量

操作步骤：

1. 将血糯米、莲子、花生仁淘洗干净后浸泡一晚上；红枣洗净浸泡 10 分钟左右。
2. 将浸泡好的材料捞出，将红枣、花生仁、血糯米、冰糖一起放入大碗中拌匀，再倒入一个耐热的碗中。
3. 高压锅中加适量水，摆入蒸架，将装有血糯米的碗放在蒸架上，把莲子摆在血糯米周围，盖上锅盖，大火烧开后转中火蒸 40 分钟后关火，待高压锅完全泄压后再打开锅盖，将碗和莲子取出。将血糯米倒扣在一个碟子里，将莲子摆在血糯米周围即可。

食疗蒸菜，吃出健康少生病

高血压

饮食原则

饮食应清淡，少盐、少糖、低脂、低热量，少吃高热量、高脂肪、高胆固醇的“三高”食品，如甜食、肥肉、动物类肝脏等；膳食搭配合理，主食中可多吃粗粮、杂粮，少精米细面，多吃含钙、钾的食物，如海鱼等；多吃蔬菜水果；适当限制蛋白质的摄入量。

养生食材

膳食纤维、维生素丰富的食物，如西红柿、苦瓜、白菜、黑木耳、芹菜、香菇等新鲜蔬菜、水果；含钙丰富的食物，如奶类及奶制品，豆类及豆制品，鱼虾类；含钾食物，如瘦肉、香蕉、鱼类及海产品、土豆、葡萄干、莴苣、茄子等。

家常蒸芹菜叶

降血压、降血脂

材料：

芹菜叶200克，干面粉、酱油、盐、蘑菇精、香醋、熟油各适量

操作步骤：

1. 芹菜叶洗净，撒入适量干面粉拌匀。
2. 上锅蒸7~8分钟，取出放凉后加入适量酱油、盐、蘑菇精、香醋、熟油拌匀即可。

粉蒸芹菜叶

降血压、降血脂

材料：

芹菜叶 200 克，玉米粉 20 克，小麦面粉 15 克，生抽、醋各 10 毫升，蒜末 8 克，白糖 5 克，食盐、香油、植物油各少许

操作步骤：

1. 芹菜叶洗净，沥干，将少量植物油倒入芹菜叶中，拌匀；玉米粉、面粉、食盐混合均匀，倒入拌好油的芹菜叶中拌匀，使芹菜叶表面均匀地裹上粉。
2. 蒸锅内放入适量的水，大火烧开，再放入裹好粉的芹菜叶，盖上锅盖，大火蒸 5 分钟后取出，加入剩余配料，拌匀即可。

蒜蓉蒸茄子

防高血压、降胆固醇

材料：

茄子 400 克，植物油 20 毫升，精盐、葱花各 5 克，香油 3 毫升，蒜适量

操作步骤：

1. 茄子洗净，去蒂、去皮，切成条状；蒜切蓉。
2. 在茄子表面抹点植物油，放入蒸锅内，盖上锅盖清蒸大约 10 分钟，蒸好后，放入盘中，淋点香油。
3. 锅内倒植物油，放蒜蓉爆香，将其倒在蒸好的茄子上，加精盐调味，搅拌均匀，撒点葱花即可。

莲蓬豆腐

补钙、改善高血压

材料：

豆腐 2 块，虾仁 100 克，青豆、盐、味精、胡椒粉、香油、太白粉各适量

操作步骤：

1. 豆腐以滚水汆烫后，切去老皮，放凉后将豆腐捣碎成泥状。
2. 虾仁洗净，挑去肠泥，再用汤匙压成泥状。
3. 将盐、味精、胡椒粉、香油、太白粉加入豆腐泥、虾泥中，并搅拌均匀，平铺在圆盘上。
4. 再嵌入洗净的青豆，装饰成莲蓬状，放入锅中以中火蒸约 10 分钟即可。

粉蒸香菇

降糖降压、抗癌

材料：

鲜香菇 250 克，鸡蛋清 50 克，蒸肉粉、精盐、淀粉各适量

操作步骤：

1. 将蛋清、蒸肉粉、精盐放在一起搅拌成糊；香菇洗净，去蒂。
2. 将调好的糊铺在香菇上，整齐地摆在盘中，放入蒸锅中，蒸 15 分钟。
3. 出锅后将盘中蒸出来的汤水倒在锅中，以淀粉勾薄芡浇在香菇上即成。

海带肉卷

降低血压、抗癌消肿

材料：

猪肉馅100克，海带条6条，金针菇50克，葱花10克，味精3克，料酒8毫升，蚝油2克，醋5毫升、精盐5克，生粉、淀粉各适量

操作步骤：

❶ 猪肉馅加葱花、精盐、味精、料酒、蚝油、水和生粉搅拌均匀；金针菇洗净，焯一下，放入碗中加入精盐、味精、醋，拌一下。

❷ 把拌好的肉馅铺在海带条上，再放上金针菇，轻轻地卷起海带，封口处用淀粉粘住，入锅蒸20分钟即可。

粉蒸白菜

减肥防癌、改善高血压

材料：

白菜300克，米粉80克，生抽10毫升，红油15毫升，食盐3克，鸡精2克，葱花少许

操作步骤：

❶ 白菜择好，洗净，剁成小粒。

❷ 米粉、食盐、白菜粒拌匀装碗，放到蒸笼上蒸熟。

❸ 生抽、红油、鸡精、葱花做成调味汁。拿出蒸熟的米粉、白菜，食用时把调味汁浇在上面即可。

高血脂

饮食原则

应平衡饮食，控制总能量的摄入，适当减少碳水化合物的摄入量；减少动物性脂肪的摄入量，如猪油、肥肉、黄油等；限制胆固醇的摄入量，如动物内脏、鱼子、鱿鱼等；少吃甜食；平时饮食应清淡，少盐，多喝水，提倡高纤维饮食，供给充足的蛋白质；不喝酒。

养生食材

富含膳食纤维的食物，如粗粮、杂粮、新鲜蔬果（如魔芋、木耳、芹菜）、海带、薯类等；富含维生素的新鲜蔬果；海鱼、菌藻类蛋白质和植物性蛋白，尤其是大豆蛋白（含植物固醇）；富含钙（如虾皮、牛奶）、镁（如玉米紫菜等）、钾（如香蕉等）的食物；适当吃些坚果。

梅干菜蒸苦瓜

清热祛暑、调节血脂

材料：

苦瓜600克，梅干菜150克，酱油、冰糖、料酒各适量

操作步骤：

❶ 梅干菜洗净，放入盘中，放入冰糖；苦瓜洗净去心切片，码在梅干菜上；倒入酱油、料酒。

❷ 冷水上锅，水烧沸后蒸5~10分钟即可食用。

玉米粉蒸红薯叶

降血脂、降血糖

材料：

玉米粉、红薯叶、食盐、植物油各适量

操作步骤：

❶ 红薯叶择好洗净，用水使劲搓洗几遍去掉黑水。

❷ 将红薯叶、玉米粉、食盐搅拌均匀，将拌好的红薯叶直接放在抹了植物油的笼屉上，蒸锅上汽后放入蒸锅，盖上盖用大火蒸 8 分钟左右出锅即可。

紫菜香菇卷

降胆固醇、降压、防癌

材料：

豆油皮、紫菜、香菇各适量，红腐乳 1 块，生抽、老抽各 1 勺，山药、胡萝卜、芝麻油、糖各少许

操作步骤：

❶ 山药处理干净，上锅蒸熟，捣成泥；一半豆油皮、紫菜分别裁成长片；另一半豆油皮、香菇切丝；胡萝卜洗净切丝；红腐乳压成泥。取一空碗，加入红腐乳泥、芝麻油、生抽、老抽、糖、香菇丝、胡萝卜丝、豆油皮丝、山药泥拌匀，腌制片刻。

❷ 将豆油皮平铺，上面铺一张紫菜，倒入腌好的杂菜，卷成卷。用纯棉纱布包好豆油皮卷，用绳扎紧，上屉蒸 20 分钟即可。

清蒸茄子

降压降脂、清热活血

材料：

茄子 200 克，干虾仁 30 克，青椒、红椒各半个，蒜末 20 克，生抽 10 毫升，精盐 5 克，糖 3 克，蚝油、食用油各适量

操作步骤：

1 茄子洗净，切成长条，整齐地摆放在盘子里，上面撒少许精盐，滴几滴食用油，大火蒸 15 分钟出锅备用；青椒、红椒切丁。

2 碗中加入生抽、蚝油和少量的糖，调成调味汁，浇在蒸好的茄子上，再在茄子上整齐地摆放好青椒丁、红椒丁、蒜末、干虾仁即可。

黑木耳蒸鲫鱼

降低血脂、健脾开胃

材料：

鲫鱼 1 条，黑木耳、精盐、植物油、蒸鱼豉油、姜片、葱花、葱段各适量

操作步骤：

1 将鲫鱼宰杀洗净，抹上少许精盐，将姜片、葱段塞入鱼肚子，放入餐碟，淋上植物油，加入少许温水，合盖放入微波炉，用中高温火加热 3 分钟后取出。黑木耳泡发后挤干水分，加入适量的精盐、植物油拌匀。

2 在鱼身上放黑木耳、葱花、蒸鱼豉油，再加入少许温水、植物油，放进蒸笼蒸熟即可。

粉蒸马齿苋

降低血脂、保护心血管

材料：

马齿苋 500 克，植物油、盐、芝麻油、生抽、酱油、辣椒酱、蒜、面粉、玉米面、香醋各适量

操作步骤：

❶ 马齿苋洗净控水，加少许植物油拌匀，再加适量面粉拌匀，再加少量玉米面。

❷ 凉水入锅，开大火蒸，中间挑散一次。

❸ 蒜切末，加盐、芝麻油、酱油、生抽、香醋、辣椒酱全部搅拌均匀，腌渍入味，吃的时候浇到蒸好的马齿苋上拌匀即可。

豆腐蒸鱼片

降压降脂、健脑益智

材料：

新鲜草鱼 100 克，嫩豆腐 1 块，鸡蛋 2 个，红辣椒 1 个，葱花 5 克，姜丝 2 克，精盐、胡椒粉、生粉、料酒各适量，蛋清、鸡汁、香油各少许

操作步骤：

❶ 草鱼洗净后切片，用精盐、料酒、姜丝、蛋清和生粉腌渍半个小时左右；嫩豆腐用开水焯下捞出沥干水，压碎，放入碗内，打入鸡蛋，加入鸡汁、精盐搅拌均匀。

❷ 将腌渍好的鱼片整齐地排在鸡蛋豆腐糊中，放入开水锅中蒸 10 分钟左右。取出，淋上香油，撒上葱花和红辣椒丝即可。

糖尿病

饮食原则

首要原则是控制总热量，以能够略低于理想体重或维持正常体重为宜，且宜清淡，少盐、少糖、少油脂、高蛋白，并多喝水。食物多样化，营养合理，主食粗细搭配，副食荤素搭配，提倡高膳食纤维饮食，供给充足的维生素和矿物质，可多吃一些含钙和锌的食物。少食多餐，定时定量进餐。少吃高糖、高脂肪、高胆固醇的食物。

养生食材

高膳食纤维食物，如芹菜、黑木耳、茄子、苦瓜、韭菜、糙米等；富含优质蛋白质的食物，如水产、畜肉、禽肉、牛奶、蛋等；含锌（如豆类、牡蛎等）和钙（鱼虾、牛奶等）的食物；富含维生素、矿物质的食物，如南瓜等。

蒸双素

补血、降糖、降胆固醇

材料：

地瓜叶、南瓜、面粉、食盐、味精、蒜泥各适量

操作步骤：

1. 将地瓜叶洗净，加食盐、味精拌匀，放入面粉中，使面粉均匀粘在地瓜叶上。
2. 将南瓜洗净，去瓤，切成丝，与地瓜叶同蒸 15 分钟即可，吃时与蒜泥同食。

南瓜杂菌盅

降糖、降胆固醇

材料：

小南瓜 1 个，青椒、红椒各 1 个，香菇、草菇、鸡腿菇、姜末、盐、蘑菇精、胡椒粉、植物油各适量

操作步骤：

❶ 南瓜做成盅，放入锅中用小火蒸至可用筷子扎透，取出摆在盘中备用；将各类菇洗净，一切为二；青椒、红椒切丁。

❷ 起锅热油，爆香姜末，放入所有的菇爆炒，加入青椒、红椒翻炒，放入盐、蘑菇精和少许胡椒粉调味，再加一点点水炒出汁，倒入小南瓜盅中即可。

茯苓松子豆腐

降糖、补脑健脑

材料：

豆腐 500 克，茯苓粉、香菇（鲜）各 30 克，松子仁、鸡蛋清各 40 克，胡萝卜 25 克，盐 3 克，黄酒 50 毫升，淀粉 5 克

操作步骤：

❶ 豆腐挤压除水，切小方块；香菇洗净切块；胡萝卜洗净切薄片；鸡蛋清打至泡沫状。

❷ 在豆腐块上撒上茯苓粉、盐，将豆腐块摆平，抹上鸡蛋清，摆上香菇、胡萝卜、松子仁，入蒸锅内用旺火蒸 10 分钟，取出，浇上用清汤、盐、料酒烧开加淀粉勾成的白汁芡即成。

营养贴士

清热润燥、补脑。

豉椒带子蒸豆腐

材料：

滑豆腐 4 块，速冻带子 8 粒，蛋清、蒜蓉、豆豉各 10 克，生抽 15 毫升，磨豉酱、白糖各 5 克，生粉、豆瓣酱各 3 克，葱粒、植物油、胡椒粉、食盐、麻油各适量

操作步骤：

1. 带子解冻，洗净后切开，加入生粉、蛋清、胡椒粉腌约 5 分钟；豆腐切片，排放在碟内，均匀地撒少许食盐。
2. 取空碗，倒入蒜蓉、豆豉、豆瓣酱、磨豉酱拌成调味料；锅中烧热植物油，然后浇在调味料碗内。
3. 将带子放豆腐上，再将调味料放带子上，上锅蒸约 4 分钟；将水、生抽、白糖、生粉、麻油放入锅中煮沸，最后淋在豆腐上，撒上少许葱粒即可。

苦瓜蒸肉丸

降低血糖、调节血脂

材料：

苦瓜 500 克，瘦肉 600 克，鸡蛋 150 克，海鲜酱汁 100 毫升，熟猪油 100 克，生姜、大葱、食盐各 15 克，生抽 20 毫升，料酒 25 毫升，味精 2 克，胡椒粉 3 克，淀粉 30 克

操作步骤：

❶ 苦瓜洗净，切段，去瓤；瘦肉剁成末，加鸡蛋、姜末、葱末、食盐、生抽、料酒、味精、胡椒粉、淀粉搅匀，挤成丸子。

❷ 锅中烧热猪油，放入苦瓜段稍炸，捞出装盘；放入丸子稍炸，捞出后放在苦瓜段上。上笼蒸熟，取出淋上海鲜酱汁即可。

茄子蒸豆角

降糖、活血、降胆固醇

材料：

茄子 250 克，豆角 200 克，米粉 40 克，腊肉 25 克，红椒 1 个，紫皮蒜 1 头，紫苏叶、辣椒面、盐、食用油、味精各适量

操作步骤：

❶ 豆角洗净，掐条；茄子洗净，斜切成片；腊肉切小丁；红椒切圈；蒜拍碎末；将以上所有材料装入大碗中，放入盐、食用油、米粉、辣椒面、味精拌匀。

❷ 锅中烧开水，铺湿纱布，放几片紫苏叶，均匀铺上茄子、豆角等。蒙上纱布，加盖旺火蒸 10 分钟后出锅，淋一大勺热油即可。

冠心病

饮食原则

应低盐低糖低脂，尽量以菜籽油、玉米油、葵花籽油、豆油等为烹饪用油。忌高脂肪、高胆固醇食物，如动物内脏、蛋黄、鱼子、猪脑等。忌高糖、高热量的食物，如糕点、冰激凌等。忌食用刺激性强的食物，如芥末、辣椒，忌饮咖啡、浓茶等。

养生食材

富含镁的食物，如豆类及豆制品、玉米、小米、桂圆等；富含锌的食物，如蛋、奶、肉、牡蛎等；富含铬的食物，如红糖、全谷类、干酪、酵母、牛肉等；富含钙的食物，如海产品（如虾皮等）、豆制品、奶类等；富含硒的食物，如海虾、巴鱼、牡蛎、鲜贝、虾皮等。

清蒸豆腐丸子

降低血清胆固醇、稳定血小板

材料：

豆腐 50 克，鸡蛋 1 个，盐少许

操作步骤：

❶ 把豆腐压成豆腐泥；鸡蛋取蛋黄打到碗里，拌均匀。

❷ 将蛋黄液混入豆腐泥，加盐拌匀，揉成豆腐丸子，然后上锅蒸熟。

❸ 出锅后可在丸子上淋少许汤汁（依口味做）再食用。

桃仁蒸蛋羹

改善冠心病、强身健体

材料：

鸡蛋、核桃仁、红糖、凉开水各适量

操作步骤：

❶ 将核桃仁放凉开水中洗净；鸡蛋去掉蛋清，将蛋黄搅成蛋黄液。

❷ 把蛋黄液和核桃仁搅拌在一起，然后放入一点点红糖，边搅拌边倒适量备好的凉开水，搅拌均匀后入锅用大火蒸，蒸成鸡蛋糊状即可。

肉蒸白菜卷

防癌、降低血清胆固醇

材料：

大白菜叶 3 片，猪肉馅 200 克，鸡蛋 1 个，精盐、味精、酱油、淀粉、香油、胡椒粉各适量

操作步骤：

❶ 大白菜叶洗净，去除硬梗，烫熟，泡在冷水中备用。

❷ 猪肉馅里打入 1 个鸡蛋，再加精盐、味精、酱油、胡椒粉、淀粉、香油调匀。

❸ 将适量调好味的猪肉馅放在白菜叶上，卷成一个个小卷。

❹ 将卷好的菜卷摆放到碗里，再将整碗的菜卷放到锅里，小火蒸大约 20 分钟即可。

牛肉山芹丸

预防动脉粥样硬化

材料：

牛肉 300 克，芹菜 50 克，鸡蛋 2 个，植物油 20 克，苏打粉、精盐、葱、姜、胡椒粉各适量

操作步骤：

1 芹菜洗净后切小段，焯水备用；葱、姜切末备用；打鸡蛋，取蛋清备用。

2 牛肉剁成末，加少量清水和苏打粉搅拌，然后加植物油、精盐、胡椒粉搅拌均匀，随后拌入葱、姜、芹菜段。

3 把拌好的牛肉挤成丸子，再裹上蛋清，放到蒸笼上蒸熟即成。

清蒸鲳鱼

降血脂、预防冠心病

材料：

鲳鱼 500 克，火腿 50 克，姜末、葱末、葱粒、料酒、蒸鱼豉油、植物油、精盐各适量

操作步骤：

1 鲳鱼去腮、内脏，洗净，抹精盐腌 15 分钟，再洗净鲳鱼，在鱼身两面切十字花刀，放入盘中；火腿切丁，将火腿丁、葱粒放在鱼身上，加料酒、蒸鱼豉油。

2 把盘放入蒸锅，将鱼蒸熟取出；再在锅里放油，加姜末、葱末爆香，将热油淋到鱼身上即成。

海胆蒸蛋

预防高胆固醇、健脑

材料：

海胆 300 克，鸡蛋 100 克，香菜叶、清汤各适量

操作步骤：

1. 鸡蛋磕入碗中，加入等量的清汤，打散；将海胆外面的刺剪短，撬开黑色带辐射状芒刺的软壳，挖出黄色的海胆黄放入小碗内，海胆壳内部掏空，洗净。
2. 海胆壳放入沸水中汆烫 1 分钟，取出控干水分，放入鸡蛋液，上蒸锅蒸 5 分钟，至蛋液刚凝固，再将海胆摆放在蛋液上，再蒸 5 分钟，取出点缀香菜叶即可。

干蒸黄鱼

补益身体、降血脂

材料：

黄鱼 1 条，肉丝 100 克，辣椒丝、香菇丝、冬笋丝、榨菜丝各 25 克，料酒、精盐、葱丝、姜丝、酱油、胡椒粉、味精、香油、油各适量

操作步骤：

1. 黄鱼洗净，两侧剞一字花刀，用料酒、精盐、葱丝、姜丝、胡椒粉腌半小时。
2. 另起锅下油，煸炒肉丝，下辣椒丝、葱丝、姜丝煸炒，再放入香菇丝、冬笋丝、榨菜丝，加酱油、胡椒粉、料酒、味精炒匀，浇在鱼上。上笼蒸熟，取出撒上葱丝，浇些香油即成。

癌症

饮食原则

饮食尽可能清淡、易消化，同时高营养、富含维生素，合理搭配。多吃抗癌性食物，如十字花科蔬菜（如菜花、圆白菜等）、胡萝卜、白萝卜、蒜等，尽量避免吃诱癌性食物。多吃新鲜蔬果，尽量避免油腻生硬、烟熏烧烤、辛辣刺激的食物。

养生食材

玉米、黄豆及豆制品、菌类（如猴头菇、香菇）、新鲜蔬果（如菠菜、番茄、猕猴桃、薯类、芦笋、南瓜等）、海藻类、坚果、鸡蛋、牛奶、牛肉等。

粉蒸胡萝卜丝

预防癌症、益肝明目

材料：

胡萝卜 400 克，精盐 3 克，味精、白糖各 2 克，胡椒粉、辣椒粉各 1 克，蒸肉粉 20 克，干辣椒、香菜茎各少许

操作步骤：

① 胡萝卜切成粗丝；干辣椒、香菜茎切段。

② 胡萝卜丝放入沸水锅中汆水，捞出沥干，拌入精盐、味精、白糖、干辣椒、胡椒粉、辣椒粉、蒸肉粉后装入小竹蒸笼中，上笼用大火蒸熟，取出，撒上香菜茎即可。

桂花南瓜

抗癌、清热解毒

材料：

南瓜 200 克，桂花糖 20 克

操作步骤：

1. 南瓜洗净，去皮去籽，切成条，放入蒸锅中蒸熟。
2. 将蒸好的南瓜条整齐地摆放在盘中，淋上桂花糖即可食用。

翡翠玉卷

预防癌症、健脾养胃

材料：

包菜叶若干，胡萝卜、竹笋、金针菇、食用油、生抽、白糖、精盐、胡椒粉、蘑菇精、水淀粉各适量

操作步骤：

1. 包菜叶洗净，放沸水锅里烫软，切成 5 厘米宽的条；金针菇、胡萝卜、竹笋洗净，金针菇撕条后切两截，胡萝卜和竹笋切细丝。
2. 起油锅烧热，倒入笋丝煸干水分，再加入金针菇和胡萝卜丝一起炒，加生抽、少许白糖、少量精盐、胡椒粉、蘑菇精翻炒匀。
3. 把炒好的馅料用包菜卷好做成包菜卷，入蒸锅蒸 10 分钟，加少许由精盐、蘑菇精、生抽、水淀粉调制的芡汁即可。

糖醋香菇盅

防癌抗癌、降脂降压

材料：

香菇 20 朵，猪肉 200 克，鸡蛋 1 个，香油、味精各 2 勺，白糖 1 勺，生粉 3 勺，料酒、生抽、胡萝卜、香葱各适量

操作步骤：

① 香菇洗净，沸水煮 5 分钟，捞出挤干水分；香葱洗净切碎；胡萝卜洗净切丁；猪肉洗净切碎。

② 将猪肉、香葱、胡萝卜一并放入碗中，加入鸡蛋液、生粉、白糖、料酒、生抽、味精拌匀，然后捏成肉丸，放在香菇上，入蒸锅蒸 20 分钟，最后淋上香油即可。

清蒸白菜花

防癌抗癌、裨益身体

材料：

白菜花 300 克，特纯橄榄油 20 克，新鲜面包屑 100 克，红辣椒、荷兰芹、盐、胡椒粉各适量

操作步骤：

① 白菜花掰成小朵；红辣椒、荷兰芹切碎。

② 将白菜花蒸 15 分钟至嫩熟。炒锅内加热橄榄油，放入面包屑，轻轻拌炒，至面包屑表面均匀地裹上油，中火翻炒约 10 分钟至面包屑酥脆，加盐、胡椒粉调味，拌入红辣椒碎、荷兰芹碎。

③ 将烹制好的面包屑撒在白菜花上即可。

营养贴士

防癌抗癌、养阴益胃。

清汤白菜卷

材料：

白菜 500 克，豆腐 100 克，鸡蛋 60 克，黄豆粉 20 克，味精、胡椒粉、盐各 2 克，辣椒酱适量

操作步骤：

1 把豆腐、鸡蛋、辣椒酱、胡椒粉、味精、盐、黄豆粉调成蓉；白菜洗净去硬梗，入沸水锅中焯一下捞出，沥干水分。

2 将白菜摊开，放入调好的豆粉蓉裹成卷，上笼蒸 5~10 分钟取出，切成 3~4 厘米长的段，先码入蒸碗内，再入笼蒸熟，翻扣入盘即成。

感冒

饮食原则

饮食要清淡，多喝水，促进身体新陈代谢，并少盐，少糖，少油腻，少酸涩食物，以免刺激呼吸道。

营养均衡，多吃些含优质蛋白的食物，含钙、含锌元素丰富的食物，富含维生素C或维生素A的食物，适当吃一些含胡萝卜素的食物，增强免疫力。

养生食材

瘦肉、禽肉、动物肝脏、鱼、蛋类、豆类和豆制品、奶类；白菜、菠菜、橘子、柚子、胡萝卜、南瓜、猕猴桃等；金银花、薄荷、红枣、百合等。

米粉蒸南瓜

补充胡萝卜素、润肺清热

材料：

南瓜500克，米粉50克，葱、姜各10克，色拉油8毫升，白糖8克，胡椒粉5克，精盐3克，味精1克

操作步骤：

❶ 南瓜去皮、去瓤，洗净，切滚刀块；米粉用热水泡透；葱、姜切末。

❷ 南瓜、色拉油、米粉、葱末、姜末、白糖、精盐、味精、胡椒粉一起放入碗中拌匀，大火蒸熟即可。

百合蒸南瓜

养阴润肺、清心安神

材料：

南瓜 300 克，鲜百合 100 克，枸杞子 1 个，白糖 15 克

操作步骤：

1. 南瓜切开，挖瓤、去皮、洗净、切片，整齐摆在盘中。
2. 鲜百合剥好洗净后和枸杞子一并放在南瓜上，撒上白糖，放入蒸笼蒸熟即可。

瓜盅粉蒸鸡

预防感冒、润肺

材料：

土鸡 1 只，蒸肉粉 100 克，老南瓜 1 个，白酒汁 15 毫升，精盐 15 克，草果 0.5 克，熟猪油 5 克，八角粉、茴香籽粉、味精各 3 克，甜酱、酱油、葱白、枸杞子各适量

操作步骤：

1. 将老南瓜切下带蒂的一头，去尽内瓤，做成瓜盅。
2. 将土鸡宰杀，处理干净后带骨斩块，入瓷盆，再下精盐、酱油、白酒汁、甜酱、味精、葱白、草果、八角粉、茴香籽粉，腌 2~3 小时。
3. 将腌好的鸡块放入蒸肉粉内，裹上一层蒸肉粉，加熟猪油拌匀，上笼用旺火蒸熟。
4. 取出鸡肉，放入南瓜盅内，上笼蒸 15 分钟，取出放枸杞子装饰即可。

鸡蛋蒸肉饼

滋阴润燥、预防感冒

材料：

鸡蛋4个，瘦肉150克，葱、淀粉、香油、精盐、鸡精各适量

操作步骤：

1. 瘦肉洗净后做成肉泥备用；葱切末；鸡蛋磕入碗中搅匀。
2. 把肉泥和鸡蛋液混合，加水，用精盐、鸡精调味，加淀粉和成面饼状，放到盘中，上面淋香油，撒上葱末。上锅蒸25分钟左右，肉饼熟透出锅即成。

清蒸鲜刀鱼

补充蛋白质、预防感冒

材料：

鲜刀鱼1条，胡萝卜片、笋片、冬菇片各10克，绍酒、精盐、熟猪油、猪网油、蒸鱼豉汁、鸡清汤、葱丝、姜丝、白胡椒粉各适量

操作步骤：

1. 刀鱼处理干净，洗净，在沸水锅中略烫，放入盘中。
2. 将胡萝卜片、笋片、冬菇片排放在鱼身上，加熟猪油、绍酒、精盐、鸡清汤，再盖上猪网油，上面放上葱丝、姜丝，入笼旺火蒸熟，取出，拣去葱丝、姜丝、猪网油，将蒸鱼豉汁加入白胡椒粉调匀，浇在鱼身上即成。

清蒸冬瓜球

清热化痰、生津解毒

材料：

冬瓜 500 克，胡萝卜 1 根，玉米淀粉、鸡汤、盐、糖、鸡油各适量

操作步骤：

❶ 冬瓜切成长方形，大小与砖头类似，用挖球器逐层挖球；胡萝卜切成叶片状，过沸水焯一下。

❷ 将冬瓜球在滚开的鸡汤里烫一下，放入蒸锅蒸 4 分钟，取出放到胡萝卜中心，摆成葡萄形或其他好看形状。把鸡汤、盐、糖和鸡油混合熬煮，制成酱汁，加玉米淀粉使之变浓稠，浇在整盘菜肴上即可。

鲫鱼炖鸡蛋

健脾除湿、化痰利水

材料：

小鲫鱼 1 条，鸡蛋 2 个，姜片 10 克，精盐、葱花、植物油、料酒各适量

操作步骤：

❶ 将鱼洗净沥干；鸡蛋打散。热锅放油，入姜片爆香，下小鲫鱼煎至两面焦黄，加入水、料酒，炖至汤汁浓白，加精盐调味。

❷ 将炖好的鲫鱼汤装碗，加适量凉开水调温，加入蛋液打匀，再放入鲫鱼。

❸ 用保鲜膜包裹碗口，加盖碟子后，入沸水锅蒸 10 分钟后关火焖一会儿，最后撒入葱花即可。

咳嗽

饮食原则

多喝水，饮食要清淡、易消化，以免刺激呼吸道，以新鲜蔬菜为主，适量吃些豆制品，可吃少量的禽、蛋类。食物应以常温为主，避免过热或过凉，避免吃辛辣刺激、煎炸类食物。不要吃易生热生痰的食物，如橙子、橘子、柑等。也不要吃肥甘厚味的食物，以免产生内热，生痰生湿，加重咳嗽。若喉咙肿痛，可吃流质食物。

养生食材

富含维生素 C 的食物，如大白菜、番茄、鲜枣、菠菜等；润肺的食物，如山药、蜂蜜、银耳、梨等；富含胡萝卜素的食物和富含维生素 A 的食物，如绿色蔬菜、胡萝卜、蛋黄和动物肝脏。

南洋椰子羹

滋阴润肺、养胃生津

材料：

椰子 1 个，银耳 100 克，牛奶 1 杯，冰糖适量

操作步骤：

1. 椰子洗净，在顶端凿一个小洞，倒出椰汁后从蒂部锯开做成椰盅；椰汁与牛奶混合拌成椰奶；银耳加温水泡发，去根。
2. 椰盅加冰糖上笼蒸 60 分钟后，用勺将椰肉刮成薄片，倒入银耳和椰奶，再用旺火蒸 30 分钟即可。

鲍汁白灵菇

镇咳消炎、消积

材料：

白灵菇1朵，西兰花1棵，鲍汁、酱肉卤汁各50毫升，蚝油、冰糖、花生油、水淀粉各适量

操作步骤：

❶ 白灵菇洗净去蒂，焯水捞出；西兰花掰小块，焯烫熟，取出投凉摆盘。

❷ 取鲍汁和一半酱肉卤汁混合均匀，浇在白灵菇上后放入蒸锅，旺火蒸制20分钟，取出稍晾，切斜刀片，蒸汁留用。

❸ 锅内放白灵菇，加蒸汁、另一半酱肉汁、蚝油、冰糖烧开，勾水淀粉，倒入摆好西兰花的盘中，淋少量花生油即可。

双耳蒸蛋皮

滋阴润肺、补充维生素A

材料：

鸡蛋若干，木耳、银耳、盐、料酒、湿淀粉、色拉油各适量

操作步骤：

❶ 将鸡蛋打入碗中，加入湿淀粉、盐搅匀；银耳、木耳切成块，加入盐、料酒拌一下入味。

❷ 锅内烧热色拉油，倒入鸡蛋液体，摊成鸡蛋皮，取出切成宽条后铺在盘子上，上面放上银耳和木耳，顺着一个方向卷起来，上蒸锅蒸5分钟即可。

虫草花蒸丝瓜

清热化痰、补肾益肺

材料：

虫草花、丝瓜各适量，植物油 10 毫升，枸杞子、蒜末、蚝油、干贝汁、鸡粉、食盐各适量

操作步骤：

❶ 丝瓜去皮后切小段摆在碟中；虫草花、枸杞子用清水浸软。

❷ 锅内放植物油烧热，加入蒜末，爆香后加入虫草花和枸杞子翻炒，将炒好的虫草花和枸杞子倒在丝瓜上，隔水蒸 8 分钟。

❸ 将适量的水、干贝汁、鸡粉、食盐、蚝油放入锅里煮汁，烧开后淋在虫草花和丝瓜上即可。

蒸拌面条菜

润肺止咳、凉血止血

材料：

面条菜 250 克，大蒜 6 瓣，面粉、香醋、生抽、花生酱、精盐各适量

操作步骤：

❶ 面条菜洗净捞出沥水，然后撒上面粉拌匀，让每一根菜都裹上一层干面粉。

❷ 蒸锅烧开水，把裹了面粉的面条菜放在蒸笼上大火蒸 2 分钟，关火取出，晾凉。

❸ 大蒜去皮捣成泥，加入生抽、香醋、花生酱和精盐搅拌成酱汁。把酱汁浇在晾凉的面条菜上，拌匀即可。

慢性咽炎

饮食原则

食疗应以利咽止痛、生津利咽、养阴润肺为主，膳食均衡，保证优质蛋白、维生素、矿物质的摄入。可多吃些滋阴润肺、清热解毒、富含B族维生素的食物，以修复咽喉损伤部位，消除呼吸道黏膜的炎症。如一些清淡易消化、清热祛火、柔嫩多汁的蔬果，某些有消炎润肺、化痰止咳作用的坚果。

养生食材

萝卜、白菜、黄瓜、苦瓜、冬瓜、西瓜、绿豆、黑豆、猪蹄、猪皮、鱼类、橄榄、银耳、莲子、南瓜、雪梨等。

南瓜糯米丸

润肺益气、清热解毒

材料：

南瓜1个，糯米粉、旱稻米粉各170克，绿豆馅350克，白糖、发酵米浆各少许

操作步骤：

❶ 南瓜去皮、去瓤，煮熟，捣泥，加入糯米粉、旱稻米粉，和成干浆；煮南瓜的汤留一碗加白糖倒入干浆碗内。

❷ 干浆加入发酵米浆，加温水揉成黏浆团，静置发酵60分钟，每次取一小块浆团按扁，包入绿豆馅，做成丸放到笼屉内。入蒸笼蒸约25分钟，取出放入步骤❶的碗内即可。

营养贴士

补充胶原蛋白和弹性蛋白质。

麒麟鳜鱼

材料：

鳜鱼1条，胡萝卜、黄瓜各1根，味精、精盐、姜片、葱段、白酱油、水生粉、麻油、胡椒粉、生油各适量

操作步骤：

1. 鳜鱼洗净，斩头，下颌扒开；黄瓜、胡萝卜洗净，切片。
2. 在尾鳍部长约6厘米的地方斜角切开，使鱼尾断处有翘势，剃下两侧鱼肉，用斜刀片成约2.5厘米宽的薄块，背鳍骨装在盘子中央。
3. 把薄鱼块排放在鱼背鳍骨的两侧，安上鱼头、鱼尾，将味精、精盐、白酱油搅匀，淋在鱼身上，加入姜片、葱段，上笼蒸10分钟，取出，拣出葱、姜，滗汁，用水生粉勾芡，加生油、麻油、胡椒粉搅匀；食用时浇在鱼面上，周围用胡萝卜片、黄瓜片装饰即可。

干蒸莲子

养阴润肺、养心生津

材料：

莲子 200 克，猪网油 50 克，白糖 175 克，糖桂花 1 克，绍酒 10 毫升

操作步骤：

① 莲子洗净，放入冷水锅内泡透煮开，捞出；猪网油用开水烫一下捞出切成两块，用绍酒略腌。

② 碗内铺上一块网油，放入莲子，加入白糖 75 克和糖桂花，盖上另一块网油，入蒸锅蒸约 60 分钟至莲子酥烂取出。

③ 炒锅内加适量水，放入余下白糖化开熬浓。去掉网油，将莲子扣入盘内，浇上糖汁即成。

鸡翅蒸南瓜

养阴润肺、养心生津

材料：

鸡翅 450 克，南瓜 200 克，料酒、葱段、姜片、蚝油、食盐、白糖各适量

操作步骤：

① 鸡翅清洗，在两侧划几刀，用料酒、食盐、白糖、蚝油、葱段和姜片将鸡翅腌渍 30 分钟入味；南瓜去皮，切块备用。

② 将南瓜和鸡翅装盘码放整齐，放入水开后的蒸锅，大火蒸 20 分钟至鸡翅熟透即可。

营养贴士

降血压、清热化痰、解毒。

鲜莲冬瓜盅

材料：

冬瓜1个，鸭腿400克，火腿、草菇、青蟹各75克，干贝、冬菇、田鸡、烧鸭各50克，丝瓜25克，二汤500毫升，青豆、精盐、味精、料酒、鲜莲、水淀粉、白糖、胡椒粉、油各少许

操作步骤：

1. 取冬瓜半只，去瓜瓤，瓜边刻上齿轮形，用开水汆透捞出，清水漂凉，竖直放在瓷盘上；青蟹洗净，蒸熟取出蟹肉。
2. 干贝洗净；烧鸭、鸭腿、冬菇、田鸡全切丁；火腿切片；鸭腿丁和田鸡丁放入碗中，先用水淀粉拌匀后下开水锅汆熟，捞出洗净，和青豆、冬菇、火腿、干贝一起放入瓜盅内，加入二汤、味精、料酒，上笼蒸熟。
3. 丝瓜切成粒，与鲜莲、草菇下开水锅汆透捞出，和烧鸭丁、蟹肉放入瓜盅内，加入精盐、白糖、胡椒粉，瓜皮上抹上油即成。

贫血

饮食原则

应提高饮食的营养水平，平衡膳食，以清淡、易消化的食物为主，多摄入有营养、高蛋白、高热量、高铁、高维生素和富含无机盐的食物，供给充足的造血原料。若是缺铁性贫血或叶酸缺乏导致的贫血，应多吃含铁量高或含叶酸丰富的食物，如肝脏、牛肉和绿色蔬菜，适当补充维生素C也有利于铁的吸收。

养生食材

瘦肉、动物血、动物肝脏、豆制品、富含维生素 C 的蔬果（如红枣、桂圆）、含铜的食物（如口蘑、牡蛎、鳝鱼、河蟹、河虾等）。

蜜枣蒸乌鸡

滋阴补血、强身健体

材料：

乌鸡半只，红枣 8 个，姜片、枸杞子、油、盐、生抽各适量

操作步骤：

1. 乌鸡洗净斩成小块；枸杞子和红枣用水略泡，红枣切开去核。
2. 将所有材料放入盘中，用适量油、盐、生抽拌匀，腌 15 分钟。
3. 锅内注水，烧开后放入整盘鸡肉，隔水蒸 15 分钟左右即可。

枸杞蒸猪肝

补血、明目、护肤

材料：

鲜猪肝300克，枸杞子20克，料酒15毫升，酱油10毫升，姜片10克，白糖5克，食盐3克，水淀粉、香油、鸡精、葱花各适量

操作步骤：

1. 鲜猪肝处理好后切片，加料酒、酱油、食盐、鸡精、白糖、一半姜片抓匀，腌渍30分钟。
2. 捞起猪肝放进蒸盘中，加入枸杞子，放入蒸锅，旺火蒸20分钟后关火。
3. 取出猪肝，滗出蒸出的原汁，放入炒锅内加剩余姜片烧开，以水淀粉勾芡，淋入香油，再次倒入猪肝中，撒上葱花即可。

木耳红枣蒸豆腐

养血安神、补充营养

材料：

红枣6个，木耳3朵，豆腐2块，枸杞子、生粉、干贝汁各适量

操作步骤：

1. 红枣浸软切开；枸杞子用清水浸软；木耳泡发洗净；豆腐切小块。
2. 将豆腐放在碟上，然后将红枣片、枸杞子、木耳铺在上面。隔水蒸10分钟，淋上生粉、干贝汁薄芡即可。

红袍莲子

养血安神、补脾益肾

材料：

红枣 200 克，水发莲子 100 克，橘子 1 个，冰糖、蜂蜜、糖桂花各适量

操作步骤：

❶ 莲子用开水浸泡 30 分钟；红枣用温水浸泡至软，去枣核。

❷ 莲子去莲心，嵌在红枣中，将红枣排在碗中，加部分冰糖、蜂蜜蒸 30 分钟。

❸ 将剩下的冰糖、蜂蜜、糖桂花熬成汁。将橘子瓣摆放在红枣周围，浇上蜂蜜汁即可。

剁椒蒸鸭血

预防贫血、清毒通便

材料：

鸭血 300 克，剁椒、酸辣椒各 50 克，绍酒 20 毫升，蒜末 10 克，食盐 3 克，植物油、胡椒粉、五香粉、香葱花、鸡精各适量

操作步骤：

❶ 鸭血切块，加入适量食盐、胡椒粉、五香粉、绍酒腌渍 30 分钟；酸辣椒切成碎末。

❷ 锅中置油烧热，放入蒜末煸炒出香味，再放入酸辣椒、剁椒炒香，加剩余食盐、鸡精调味。将煸好的佐料倒在腌好的鸭血上，上蒸锅蒸 10 分钟出锅，撒上香葱花即可食用。

肥胖症

饮食原则

首先需要控制总热量的摄入，使摄入的总热量低于机体实际消耗的热能，可根据自己喜好的健康状态制定饮食计划，但需循序渐进。摄入足够的优质蛋白。相比脂肪和淀粉，蛋白质更容易让人有饱腹感，且对身体肌肉有利，还能加速脂肪燃烧。

养生食材

瘦肉、鱼类、家禽肉、蛋类、奶乳类、豆类及豆制品；含糖量低、富含矿物质、维生素的蔬菜、水果；富含纤维素的食物等，如魔芋、海带、白萝卜、黄瓜、冬瓜、芹菜、黑木耳、西红柿等。

蒸素扣肉

减肥降脂、清热解毒

材料：

冬瓜 750 克，豆豉辣酱 45 克，植物油、酱油、食盐、熟松仁、红椒末各适量

操作步骤：

❶ 冬瓜去皮、去瓤，切大块，用酱油上色。

❷ 锅内将油烧至八成热，下冬瓜，炸至起虎皮样且呈砖红色时出锅摆入蒸钵中，放上豆豉辣酱、红椒末、食盐、植物油，上笼蒸 20 分钟，出锅撒上熟松仁即可。

糟汁醉芦笋

减肥美容、防癌抗癌

材料：

芦笋 400 克，清汤 100 毫升，精盐 3 克，料酒 20 毫升，醪糟汁 30 毫升，生鸡油 25 克，胡椒粉 1 克，枸杞子适量，味精少许

操作步骤：

❶ 芦笋洗净，顺纹切成条，用沸水汆一下，捞出沥干水分；枸杞子温水泡发；取大碗，加入清汤、醪糟汁、料酒、精盐、胡椒粉、味精搅均匀，再加入芦笋条；生鸡油洗净，覆盖在芦笋条上面，湿纸封严碗口，入蒸笼，蒸约 30 分钟取出。

❷ 撕开封口纸，拣去鸡油渣，取芦笋条放入盘中，均匀淋入醪糟汁，放上枸杞子即可。

咸肉蒸双白

减肥、养胃生津

材料：

咸肉、娃娃菜、冻豆腐各 200 克，高汤 100 毫升，食盐 10 克，鸡精 5 克

操作步骤：

❶ 娃娃菜纵向改刀成两半，入沸水中焯水至断生，捞出控水；冻豆腐切片，用沸水焯水 1 分钟捞出，沥干水分；咸肉洗净切成薄片。

❷ 将冻豆腐整齐排列在盘底部，上铺娃娃菜，最上一层盖上咸肉片，加食盐、鸡精、高汤，上笼旺火蒸 15 分钟即可。

营养贴士

减肥、促进新陈代谢。

辣蒸萝卜牛肉丝

材料：

牛肉 200 克，白萝卜 300 克，精盐、蒜末、姜末各 5 克，葱花 15 克，老抽、生抽各 10 毫升，茶油、黄酒、胡椒粉、辣椒粉、米粉各适量

操作步骤：

❶ 牛肉切丝，用精盐、老抽、生抽、黄酒、胡椒粉和茶油腌渍 20 分钟；白萝卜切丝，用精盐腌片刻，挤出汁水备用。

❷ 牛肉丝、姜末、蒜末和白萝卜丝拌在一起，倒入米粉、辣椒粉，拌匀。蒸锅烧开水，铺上屉布，把牛肉丝、萝卜丝顺蒸锅内壁围一圈，将屉布盖在牛肉丝、萝卜丝上，大火猛蒸 30 分钟左右后将牛肉萝卜丝倒进碗里，撒上葱花即可。